Hermann von Helmholtz

Über die Erhaltung der Kraft

Hermann von Helmholtz

Über die Erhaltung der Kraft

ISBN/EAN: 9783743401242

Hergestellt in Europa, USA, Kanada, Australien, Japan

Cover: Foto ©berggeist007 / pixelio.de

Manufactured and distributed by brebook publishing software
(www.brebook.com)

Hermann von Helmholtz

Über die Erhaltung der Kraft

OSTWALD'S

KLASSIKER

DER

EXACTEN WISSENSCHAFTEN.

Nr. 1.

Über die Erhaltung der Kraft

von

Dr. H. Helmholtz.

(1847)

LEIPZIG

VERLAG VON WILHELM ENGELMANN

1889.

Über die Erhaltung der Kraft,

eine physikalische Abhandlung, vorgetragen in der Sitzung
der physikalischen Gesellschaft zu Berlin am 23. Juli 1847

von

Dr. H. Helmholtz.

Berlin, Druck und Verlag von G. Reimer. 1847.

Einleitung.

Vorliegende Abhandlung musste ihrem Hauptinhalte nach
hauptsächlich für Physiker bestimmt werden, ich habe es daher
vorgezogen, die Grundlagen derselben unabhängig von einer
philosophischen Begründung rein in der Form einer physikalischen Voraussetzung hinzustellen, deren Folgerungen zu entwickeln, und dieselben in den verschiedenen Zweigen der Physik
mit den erfahrungsmässigen Gesetzen der Naturerscheinungen
zu vergleichen. Die Herleitung der aufgestellten Sätze kann von
zwei Ausgangspunkten angegriffen werden, entweder von dem
Satze, dass es nicht möglich sein könne, durch die Wirkungen
irgend einer Combination von Naturkörpern auf einander in das
Unbegrenzte Arbeitskraft zu gewinnen, oder von der Annahme,
dass alle Wirkungen in der Natur zurückzuführen seien auf anziehende und abstossende Kräfte, deren Intensität nur von der
Entfernung der auf einander wirkenden Punkte abhängt. Dass
beide Sätze identisch sind, ist im Anfang der Abhandlung selbst
gezeigt worden. Indessen haben dieselben noch eine wesent-
lichere Bedeutung für den letzten und [2] eigentlichen Zweck
der physikalischen Naturwissenschaften überhaupt, welchen ich
in dieser abgesonderten Einleitung darzulegen versuchen werde.

Aufgabe der genannten Wissenschaften ist es einmal, die
Gesetze zu suchen, durch welche die einzelnen Vorgänge in der
Natur auf allgemeine Regeln zurückgeleitet, und aus den letz-
teren wieder bestimmt werden können. Diese Regeln, z. B. das

1*

Gesetz der Brechung oder Zurückwerfung des Lichts, das von *Mariotte* und *Gay Lussac* für das Volum der Gasarten, sind offenbar nichts als allgemeine Gattungsbegriffe, durch welche sämmtliche dahin gehörige Erscheinungen umfasst werden. Die Aufsuchung derselben ist das Geschäft des experimentellen Theils unserer Wissenschaften. Der theoretische Theil derselben sucht dagegen, die unbekannten Ursachen der Vorgänge aus ihren sichtbaren Wirkungen zu finden; er sucht dieselben zu begreifen nach dem Gesetze der Causalität[1]). Wir werden genöthigt und berechtigt zu diesem Geschäfte durch den Grundsatz, dass jede Veränderung in der Natur eine zureichende Ursache haben müsse. Die nächsten Ursachen, welche wir den Naturerscheinungen unterlegen, können selbst unveränderlich sein oder veränderlich; im letzteren Falle nöthigt uns derselbe Grundsatz nach anderen Ursachen wiederum dieser Veränderung zu suchen, und so fort, bis wir zuletzt zu letzten Ursachen gekommen sind, welche nach einem unveränderlichen Gesetz wirken, welche folglich zu jeder Zeit unter denselben äusseren Verhältnissen dieselbe Wirkung hervorbringen. Das endliche Ziel der theoretischen Naturwissenschaften ist also, die letzten unveränderlichen Ursachen der Vorgänge in der Natur aufzufinden. Ob nun wirklich alle Vorgänge auf solche [3] zurückzuführen seien, ob also die Natur vollständig begreiflich sein müsse, oder ob es Veränderungen in ihr gebe, die sich dem Gesetze einer nothwendigen Causalität entziehen, die also in das Gebiet einer Spontaneität, Freiheit, fallen, ist hier nicht der Ort zu entscheiden; jedenfalls ist es klar, dass die Wissenschaft, deren Zweck es ist, die Natur zu begreifen, von der Voraussetzung ihrer Begreiflichkeit ausgehen müsse, und dieser Voraussetzung gemäss schliessen und untersuchen, bis sie vielleicht durch unwiderlegliche Facta zur Anerkenntniss ihrer Schranken genöthigt sein sollte.

Die Wissenschaft betrachtet die Gegenstände der Aussenwelt nach zweierlei Abstractionen: einmal ihrem blossen Dasein nach, abgesehen von ihren Wirkungen auf andere Gegenstände oder unsere Sinnesorgane; als solche bezeichnet sie dieselben als Materie. Das Dasein der Materie an sich ist uns also ein ruhiges, wirkungsloses; wir unterscheiden an ihr die räumliche Vertheilung und die Quantität (Masse), welche als ewig unveränderlich gesetzt wird. Qualitative Unterschiede dürfen wir der Materie an sich nicht zuschreiben, denn wenn wir von verschiedenartigen Materien sprechen, so setzen wir ihre Verschiedenheit immer nur in die Verschiedenheit ihrer Wirkungen d. h. in

ihre Kräfte. Die Materie an sich kann deshalb auch keine andere
Veränderung eingehen, als eine räumliche, d. h. Bewegung. Die
Gegenstände der Natur sind aber nicht wirkungslos, ja wir
kommen überhaupt zu ihrer Kenntniss nur durch die Wirkungen, welche von ihnen aus auf unsere Sinnesorgane erfolgen,
indem wir aus diesen Wirkungen auf ein Wirkendes schliessen.
Wenn wir also den Begriff der Materie in der Wirklichkeit anwenden wollen, so dürfen wir dies nur, indem wir durch eine
zweite Abstraction demselben wiederum [4] hinzufügen, wovon
wir vorher abstrahiren wollten, nämlich das Vermögen Wirkungen auszuüben, d. h. indem wir derselben Kräfte zuertheilen.
Es ist einleuchtend, dass die Begriffe von Materie und Kraft in
der Anwendung auf die Natur nie getrennt werden dürfen. Eine
reine Materie wäre für die übrige Natur gleichgültig, weil sie
nie eine Veränderung in dieser oder in unseren Sinnesorganen
bedingen könnte; eine reine Kraft wäre etwas, was dasein sollte
und doch wieder nicht dasein, weil wir das Daseiende Materie
nennen. Ebenso fehlerhaft ist es, die Materie für etwas Wirkliches, die Kraft für einen blossen Begriff erklären zu wollen,
dem nichts Wirkliches entspräche; beides sind vielmehr Abstractionen von dem Wirklichen, in ganz gleicher Art gebildet;
wir können ja die Materie eben nur durch ihre Kräfte, nie an
sich selbst, wahrnehmen.

Wir haben oben gesehen, dass die Naturerscheinungen auf
unveränderliche letzte Ursachen zurückgeführt werden sollen;
diese Forderung gestaltet sich nun so, dass als letzte Ursachen
der Zeit nach unveränderliche Kräfte gefunden werden sollen.
Materien mit unveränderlichen Kräften (unvertilgbaren Qualitäten) haben wir in der Wissenschaft (chemische) Elemente genannt. Denken wir uns aber das Weltall zerlegt in Elemente mit
unveränderlichen Qualitäten, so sind die einzigen noch möglichen
Aenderungen in einem solchen System räumliche d. h. Bewegungen, und die äusseren Verhältnisse, durch welche die Wirkung der Kräfte modificirt wird, können nur noch räumliche
sein, also die Kräfte nur Bewegungskräfte, abhängig in ihrer
Wirkung nur von den räumlichen Verhältnissen.

Also näher bestimmt: Die Naturerscheinungen sollen zurückgeführt werden auf Bewegungen von Materien mit [5] unveränderlichen Bewegungskräften, welche nur von den räumlichen
Verhältnissen abhängig sind.

Bewegung ist Aenderung der räumlichen Verhältnisse. Räumliche Verhältnisse sind nur möglich gegen abgegrenzte Raum-

grössen, nicht gegen den unterschiedslosen leeren Raum.
Bewegung kann deshalb in der Erfahrung nur vorkommen als
Aenderung der räumlichen Verhältnisse wenigstens zweier materieller Körper gegen einander; Bewegungskraft, als ihre Ursache,
also auch immer nur erschlossen werden für das Verhältniss
mindestens zweier Körper gegen einander, sie ist also zu defi-
niren als das Bestreben zweier Massen, ihre gegenseitige Lage
zu wechseln. Die Kraft aber, welche zwei ganze Massen gegen
einander ausüben, muss aufgelöst werden in die Kräfte aller
ihrer Theile gegen einander; die Mechanik geht deshalb zurück
auf die Kräfte der materiellen Punkte, d. h. der Punkte des mit
Materie gefüllten Raums [2]). Punkte haben aber keine räumliche
Beziehung gegen einander als ihre Entfernung, denn die Richtung ihrer Verbindungslinie kann nur im Verhältniss gegen mindestens noch zwei andere Punkte bestimmt werden. Eine Bewegungskraft, welche sie gegen einander ausüben, kann deshalb
auch nur Ursache zur Aenderung ihrer Entfernung sein, d. h.
eine anziehende oder abstossende. Dies folgt auch sogleich aus
dem Satz vom zureichenden Grunde. Die Kräfte, welche zwei
Massen auf einander ausüben, müssen nothwendig ihrer Grösse
und Richtung nach bestimmt sein, sobald die Lage der Massen
vollständig gegeben ist. Durch zwei Punkte ist aber nur eine
einzige Richtung vollständig gegeben, nämlich die ihrer Verbindungslinie; folglich müssen die Kräfte, welche sie gegen einander ausüben, nach dieser Linie gerichtet sein, und ihre Intensität kann nur von der Entfernung abhängen.

[6] Es bestimmt sich also endlich die Aufgabe der physikalischen Naturwissenschaften dahin, die Naturerscheinungen zurückzuführen auf unveränderliche, anziehende und abstossende
Kräfte, deren Intensität von der Entfernung abhängt. Die Lös-
barkeit dieser Aufgabe ist zugleich die Bedingung der vollständigen Begreiflichkeit der Natur. Die rechnende Mechanik hat
bis jetzt diese Beschränkung für den Begriff der Bewegungskraft
nicht angenommen, einmal weil sie sich über den Ursprung ihrer
Grundsätze nicht klar war, und dann, weil es ihr darauf an-
kommt, auch den Erfolg zusammengesetzter Bewegungskräfte
berechnen zu können in solchen Fällen, wo die Auflösung derselben in einfache noch nicht gelungen ist. Doch gilt ein grosser
Theil ihrer allgemeinen Principien der Bewegung zusammengesetzter Systeme von Massen nur für den Fall, dass dieselben
durch unveränderliche anziehende oder abstossende Kräfte auf
einander wirken; nämlich das Princip der virtuellen Geschwindig-

keiten, das von der Erhaltung der Bewegung des Schwerpunkts, von der Erhaltung der Hauptrotationsebene und des Moments der Rotation freier Systeme, das von der Erhaltung der lebendigen Kraft. Für irdische Verhältnisse finden von diesen Principien hauptsächlich nur das erste und letzte Anwendung, weil sich die anderen nur auf vollkommen freie Systeme beziehen, das erste ist wieder, wie wir zeigen werden, ein specieller Fall des letzteren, welches deshalb als die allgemeinste und wichtigste Folgerung der gemachten Herleitung erscheint.

Die theoretische Naturwissenschaft wird daher, wenn sie nicht auf halbem Wege des Begreifens stehen bleiben will, ihre Ansichten mit der aufgestellten Forderung über die Natur der einfachen Kräfte und deren Folgerungen in [7] Einklang setzen müssen. Ihr Geschäft wird vollendet sein, wenn einmal die Zurückleitung der Erscheinungen auf einfache Kräfte vollendet ist, und zugleich nachgewiesen werden kann, dass die gegebene die einzig mögliche Zurückleitung sei, welche die Erscheinungen zulassen. Dann wäre dieselbe als die nothwendige Begriffsform der Naturauffassung erwiesen, es würde derselben alsdann also auch objective Wahrheit zuzuschreiben sein.

I.

Das Princip von der Erhaltung der lebendigen Kraft.

Wir gehen aus von der Annahme, dass es unmöglich sei, durch irgend eine Combination von Naturkörpern bewegende Kraft fortdauernd aus nichts zu erschaffen. Aus diesem Satze haben schon *Carnot* und *Clapeyron* *) eine Reihe theils bekannter, theils noch nicht experimentell nachgewiesener Gesetze über die specifische und latente Wärme der verschiedensten Naturkörper theoretisch hergeleitet. Zweck der vorliegenden Abhandlung ist es, ganz in derselben Weise das genannte Princip in allen Zweigen der Physik durchzuführen, theils um die Anwendbarkeit desselben nachzuweisen in allen denjenigen Fällen, wo die Gesetze der Erscheinungen schon hinreichend erforscht sind, theils um mit seiner Hülfe, unterstützt durch die vielfältige Analogie der bekannteren Fälle auf die Gesetze der bisher nicht [8] vollständig untersuchten weiterzuschliessen, und dadurch dem Experiment einen Leitfaden an die Hand zu geben.

---

*) *Poggendorfs* Annalen LIX 446. 566.

Das erwähnte Princip kann folgendermassen dargestellt werden: Denken wir uns ein System von Naturkörpern, welche in gewissen räumlichen Verhältnissen zu einander stehen, und unter dem Einfluss ihrer gegenseitigen Kräfte in Bewegung gerathen, bis sie in bestimmte andere Lagen gekommen sind: so können wir ihre gewonnenen Geschwindigkeiten als eine gewisse mechanische Arbeit betrachten, und in solche verwandeln. Wollen wir nun dieselben Kräfte zum zweiten Male wirksam werden lassen, um dieselbe Arbeit noch einmal zu gewinnen, so müssen wir die Körper auf irgend eine Weise in die anfänglichen Bedingungen durch Anwendung anderer uns zu Gebote stehender Kräfte zurückversetzen; wir werden dazu also eine gewisse Arbeitsgrösse der letzteren wieder verbrauchen. In diesem Falle fordert nun unser Princip, dass die Arbeitsgrösse, welche gewonnen wird, wenn die Körper des Systems aus der Anfangslage in die zweite, und verloren wird, wenn sie aus der zweiten in die erste übergehen, stets dieselbe sei, welches auch die Art, der Weg oder die Geschwindigkeit dieses Uebergangs sein mögen. Denn wäre dieselbe auf irgend einem Wege grösser als auf dem andern, so würden wir den ersteren zur Gewinnung der Arbeit benutzen können, den zweiten zur Zurückführung, zu welcher wir einen Theil der so eben gewonnenen Arbeit anwenden könnten, und würden so ins Unbestimmte mechanische Kraft gewinnen, ein *perpetuum mobile* gebaut haben, welches nicht nur sich selbst in Bewegung erhielte, sondern auch noch im Stande wäre, nach aussen Kraft abzugeben.

Suchen wir nach dem mathematischen Ausdruck dieses [9] Princips, so finden wir ihn in dem bekannten Gesetz von der Erhaltung der lebendigen Kraft. Die Arbeitsgrösse, welche gewonnen und verbraucht wird, kann bekanntlich ausgedrückt werden als ein auf eine bestimmte Höhe h gehobenes Gewicht m; sie ist dann mgh, wo g die Intensität der Schwerkraft. Um senkrecht frei in die Höhe h emporzusteigen braucht der Körper m die Geschwindigkeit $v = \sqrt{2gh}$; und erlangt dieselbe wieder beim Herabfallen. Es ist also $\frac{1}{2}mv^2 = mgh$; folglich kann die Hälfte des Products mv^2, welches in der Mechanik bekanntlich »die Quantität der lebendigen Kraft des Körpers m« genannt wird, auch an die Stelle des Maasses der Arbeitsgrösse gesetzt werden. Der besseren Uebereinstimmung wegen mit der jetzt gebräuchlichen Art, die Intensität der Kräfte zu messen, schlage ich vor, gleich die Grösse $\frac{1}{2}mv^2$ als Quantität der lebendigen Kraft zu bezeichnen, wodurch sie identisch wird mit dem Maasse der Arbeitsgrösse. Für die bisherige Anwendung des Begriffs der lebendigen Kraft der nur auf das besprochene Princip beschränkt war, ist diese Abänderung ohne Bedeutung, während sie uns im Folgenden wesentliche Vortheile gewähren wird. Das Princip von der Erhaltung der lebendigen Kraft sagt nun bekanntlich aus: Wenn sich eine beliebige Zahl beweglicher Massenpunkte nur unter dem Einfluss solcher Kräfte bewegt, welche sie selbst gegen einander ausüben, oder welche gegen feste Centren gerichtet sind: so ist die Summe der lebendigen Kräfte aller zusammen genommen zu allen Zeitpunkten dieselbe, in welchen alle Punkte dieselben relativen Lagen gegen einander und gegen die etwa vorhandenen festen Centren einnehmen, wie auch ihre Bahnen und Geschwindigkeiten in der Zwischenzeit gewesen sein mögen. Denken wir die lebendigen [10] Kräfte angewendet, um die Theile des Systems, oder ihnen äquivalente Massen auf gewisse Höhen zu heben, so folgt aus dem, was wir eben gezeigt haben, dass auch die so dargestellten Arbeitsgrössen unter den genannten Bedingungen gleich sein müssen. Dieses Princip gilt aber nicht für alle möglichen Arten von Kräften; es wird in der Mechanik gewöhnlich angeknüpft an das Princip der virtuellen Geschwindigkeiten, und dies kann nur für materielle Punkte mit anziehenden und abstossenden Kräften bewiesen werden. Wir wollen hier zunächst zeigen, dass das Princip von der Erhaltung der lebendigen Kräfte ganz allein da gilt, wo die wirkenden Kräfte sich auflösen lassen in Kräfte materieller Punkte, welche in der Richtung der Verbindungslinie wirken, und deren Intensität nur von der Entfernung abhängt; in der Mechanik sind solche Kräfte gewöhnlich Centralkräfte genannt worden. Es folgt daraus wiederum auch rückwärts, dass bei allen Wirkungen von Naturkörpern aufeinander, wo das besprochene Princip ganz allgemein auch auf alle kleinsten Theilchen dieser Körper angewendet werden kann, als einfachste Grundkräfte solche Centralkräfte anzunehmen seien.

Betrachten wir zunächst einen materiellen Punkt von der Masse m, der sich bewegt unter dem Einfluss der Kräfte von mehreren zu einem festen System A verbundenen Körpern, so zeigt uns die Mechanik die Mittel an, für jeden einzelnen Zeitpunkt die Lage und Geschwindigkeit dieses Punktes bestimmen zu können. Wir würden also die Zeit t als die Urvariable betrachten, und von ihr abhängen lassen die Ordinaten x, y, z von m in Beziehung auf ein gegen das System A festbestimmtes Coordinatensystem, seine Tangentialgeschwindigkeit q, die den Axen parallelen [11] Componenten derselben $u = \dfrac{dx}{dt}$, $v = \dfrac{dy}{dt}$, $w = \dfrac{dz}{dt}$, und endlich die Componenten der wirkenden Kräfte.

$$X = m\frac{du}{dt}, \quad Y = m\frac{dv}{dt}, \quad Z = m\frac{dw}{dt}.$$

Unser Princip fordert nun, dass $\frac{1}{2}mq^2$, also auch q^2, stets dasselbe sei, wenn m dieselbe Lage gegen A hat, also nicht allein als Function der Urvariablen t, sondern auch als blosse Function der Coordinaten x, y, z hingestellt werden könne, d. h. dass

$$d(q^2) = \frac{d(q^2)}{dx}\,dx + \frac{d(q^2)}{dy}\,dy + \frac{d(q^2)}{dz}\,dz. \quad 1)$$

Da $q^2 = u^2 + v^2 + w^2$, so ist $d(q^2) = 2u\,du + 2v\,dv + 2w\,dw$. Wird statt u hier $\dfrac{dx}{dt}$, statt du aber $\dfrac{Xdt}{m}$ aus den oben hingestellten Werthen gesetzt, eben so für v und w die analogen Werthe, so erhalten wir

$$d(q^2) = \frac{2X}{m}\,dx + \frac{2Y}{m}\,dy + \frac{2Z}{m}\,dz. \quad 2)$$

Da die Gleichungen 1 und 2 für jedes beliebige dx, dy, dz zusammen stattfinden müssen, so folgt, dass auch einzeln

$$\frac{d(q^2)}{dx} = \frac{2X}{m}, \quad \frac{dq^2}{dy} = \frac{2Y}{m} \text{ und } \frac{dq^2}{dz} = \frac{2Z}{m}. \quad 3)$$

Ist aber q^2 blosse Function von x, y, z, so folgt hieraus, dass auch X, Y und Z, d. h. Richtung und Grösse der wirkenden Kraft nur Functionen der Lage von m gegen A seien.

Denken wir uns nun auch statt des Systems A einen einzelnen materiellen Punkt a, so folgt aus dem oben [12] bewiesenen, dass die Richtung und Grösse der Kraft, welche von a auf m einwirkt, nur bestimmt werde durch die relative Lage von m gegen a. Da nun die Lage von m durch seine Beziehung zu dem einzelnen Punkt a nur noch der Entfernung ma nach bestimmt ist, so würde in diesem Falle das Gesetz dahin zu modificiren sein, dass Richtung und Grösse der Kraft Functionen dieser Entfernung r sein müssen. Denken wir uns die Coordinaten auf irgend ein beliebiges Axensystem bezogen, dessen Anfangspunkt in a liegt, so muss hiernach

$$md(q^2) = 2Xdx + 2Ydy + 2Zdz = 0 \quad 3)$$

sein, so oft

$$d(r^2) = 2xdx + 2ydy + 2zdz = 0$$

ist, d. h. so oft

$$dz = - \frac{xdx + ydy}{z}.$$

Dieser Werth in Gleichung 3 gesetzt, giebt

$$\left(X - \frac{x}{z}Z \right) dx + \left(Y - \frac{y}{z}Z \right) dy = 0$$

für jedes beliebige dx und dy, also auch einzeln

$$X = \frac{x}{z}Z \text{ und } Y = \frac{y}{z}Z,$$

d. h. die Resultante muss nach dem Anfangspunkte der Coordinaten, nach dem wirkenden Punkte a, gerichtet sein.

Es müssen folglich in Systemen, welche ganz allgemein dem Gesetz von der Erhaltung der lebendigen Kraft Folge leisten, die einfachen Kräfte der materiellen Punkte Centralkräfte sein.

---

[13]   II.

Das Princip von der Erhaltung der Kraft.

Wir wollen dem besprochenen Gesetze für die Fälle, wo Centralkräfte wirken, nun noch einen allgemeineren Ausdruck geben.

Ist φ die Intensität der Kraft, welche in der Richtung von r wirkt, wenn sie anzieht, als positiv, wenn sie abstösst, als negativ gesetzt, also

$$X = - \frac{x}{r}\varphi; \quad Y = - \frac{y}{r}\varphi; \quad Z = - \frac{z}{r}\varphi \qquad 1)$$

so ist gemäss der Gleichung 2 des vorigen Abschnitts

$$md(q^2) = - 2\frac{\varphi}{r}(xdx + ydy + zdz); \text{ also}$$

$$\tfrac{1}{2}md(q^2) = - \varphi dr.$$

Oder wenn Q und R, q und r zusammengehörige Tangentialgeschwindigkeiten und Entfernungen vorstellen,

$$\tfrac{1}{2}mQ^2 - \tfrac{1}{2}mq^2 = -\int_r^R \varphi dr. \qquad 2)$$

Betrachten wir diese Gleichung näher, so finden wir auf der

linken Seite den Unterschied der lebendigen Kräfte, welche m
bei zwei verschiedenen Entfernungen hat. Um die Bedeutung
der Grösse $\int_r^R \varphi dr$ zu finden, denken wir uns die Intensitäten von
φ, welche zu verschiedenen Punkten der Verbindungslinie von
m und a gehören, durch rechtwinklig aufgesetzte Ordinaten dargestellt, so würde die genannte Grösse den Flächeninhalt bezeichnen, den die Curve [14] zwischen den zu R und r gehörigen
Ordinaten mit der Abscissenaxe einschliesst. Wie man sich nun
diesen Flächenraum als die Summe aller der unendlich vielen in
ihm liegenden Abscissen vorstellen kann, so ist jene Grösse der
Inbegriff aller Kraftintensitäten, welche in den zwischen R und
r liegenden Entfernungen wirken. Nennen wir nun die Kräfte,
welche den Punkt m zu bewegen streben, so lange sie eben noch
nicht Bewegung bewirkt haben, S p a n n k r ä f t e, im Gegensatz
zu dem, was die Mechanik l e b e n d i g e K r a f t nennt, so würden
wir die Grösse $\int_r^R \varphi dr$ als d i e S u m m e d e r S p a n n k r ä f t e
zwischen den Entfernungen R und r bezeichnen können, und
das obige Gesetz würde auszusprechen sein: Die Zunahme der
lebendigen Kraft eines Massenpunktes bei seiner Bewegung unter
dem Einfluss einer Centralkraft ist gleich der Summe der zu der
betreffenden Aenderung seiner Entfernung gehörigen Spannkräfte.

Denken wir uns zwei Punkte unter der Wirkung einer anziehenden Kraft stehend, in einer bestimmten Entfernung R, so
werden sie durch Wirkung der Kraft selbst nach den kleineren
Entfernungen r hingetrieben, und dabei wird ihre Geschwindigkeit, ihre lebendige Kraft, zunehmen; sollen sie aber nach grösseren Entfernungen r gelangen, so muss ihre lebendige Kraft
abnehmen, und endlich ganz verbraucht werden; wir können
deshalb bei anziehenden Kräften die Summe der Spannkräfte
für die Entfernungen zwischen $r = 0$ und $r = R$, $\int_0^R \varphi dr$, als
die noch vorhandenen, die aber zwischen $r = R$ und $r = \infty$ als
die verbrauchten bezeichnen; die ersteren können unmittelbar,
die letzteren erst [15] nach einem äquivalenten Verlust an lebendiger Kraft in Wirksamkeit treten. Umgekehrt ist es bei abstossenden Kräften. Befinden sich die Punkte in der Entfernung
R, so werden sie bei ihrer Entfernung lebendige Kraft gewinnen,

und als die vorhandenen Spannkräfte werden die zu bezeichnen sein zwischen $r = R$ und $r = \infty$, als die verlorenen, die zwischen $r = 0$ und $r = R$.

Um nun unser Gesetz ganz allgemein durchzuführen, denken wir uns eine beliebige Anzahl materieller Punkte von den Massen m_1, m_2, m_3 u. s. w. allgemein bezeichnet mit m_a, deren Coordinaten x_a, y_a, z_a; die den Axen parallelen Componenten der darauf wirkenden Kräfte seien X_a, Y_a, Z_a, die nach den Axen zerlegten Geschwindigkeiten u_a, v_a, w_a, die Tangentialgeschwinpigkeiten q_a; die Entfernung zwischen m_a und m_b sei r_{ab}, die Centralkraft zwischen beiden φ_{ab}. Es ist nun für einen einzelnen Punkt m_n analog der Gleichung 1.

$$X_n = \Sigma\left[(x_a - x_n)\frac{\varphi_{an}}{r_{an}}\right] = m_n\frac{du_n}{dt}$$

$$Y_n = \Sigma\left[(y_a - y_n)\frac{\varphi_{an}}{r_{an}}\right] = m_n\frac{dv_n}{dt}$$

$$Z_n = \Sigma\left[(z_a - z_n)\frac{\varphi_{an}}{r_{an}}\right] = m_n\frac{dw_n}{dt}$$

wo das Summationszeichen Σ sich auf alle die Glieder bezieht, welche entstehen, wenn man nach einander für den Index a alle einzelnen Indices 1, 2, 3 etc. mit Ausnahme von n setzt.

Multipliciren wir die erste Gleichung mit $dx_n = u_n dt$, die zweite mit $dy_n = v_n dt$, die dritte mit $dz_n = w_n dt$, und denken wir uns die drei dann entstehenden Gleichungen [16] für alle einzelnen Punkte m_b aufgestellt, wie es hier für m_n geschehen ist, und alle addirt, so erhalten wir

$$\Sigma\left[(x_a - x_b)dx_b\frac{\varphi_{ab}}{r_{ab}}\right] = \Sigma\left[\tfrac{1}{2}m_a d(u_a^2)\right]$$

$$\Sigma\left[(y_a - y_b)dy_b\frac{\varphi_{ab}}{r_{ab}}\right] = \Sigma\left[\tfrac{1}{2}m_a d(v_a^2)\right]$$

$$\Sigma\left[(z_a - z_b)dz_b\frac{\varphi_{ab}}{r_{ab}}\right] = \Sigma\left[\tfrac{1}{2}m_a d(w_a^2)\right]$$

Die Glieder der Reihe links werden erhalten, wenn man erst statt a alle einzelnen Indices 1, 2, 3 u. s. w. setzt und bei jedem einzelnen auch für b alle grösseren und alle kleineren Werthe, als a schon hat. Die Summen zerfallen also in zwei Theile, in deren einem a stets grösser ist als b, im andern stets kleiner, und es ist klar, dass für jedes Glied des einen Theils

$$(x_p - x_q)dx_q\frac{\varphi_{pq}}{r_{pq}}$$

in dem anderen eines vorkommen muss

$$(x_q - x_p)dx_p\frac{\varphi_{pq}}{r_{pq}}$$

beide addirt geben

$$- (x_p - x_q)(dx_p - dx_q)\frac{\varphi_{pq}}{r_{pq}}$$

Machen wir diese Zusammenziehung in den Summen, addiren sie alle drei und setzen

$$\tfrac{1}{2}d[(x_a - x_b)^2 + (y_a - y_b)^2 + (z_a - z_b)^2] = r_{ab}dr_{ab}$$

so erhalten wir

$$- \Sigma\,[\varphi_{ab}dr_{ab}] = \Sigma\,[\tfrac{1}{2}m_a d(q_a^2)] \qquad 3)$$

oder

[17]
$$- \Sigma\left[\int_{r_{ab}}^{R_{ab}}\varphi_{ab}\,dr_{ab}\right] = \Sigma[\tfrac{1}{2}m_a Q_a^2] - \Sigma[\tfrac{1}{2}m_a q_a^2] \qquad 4)$$

wenn R und Q sowie r und q zusammengehörige Werthe bezeichnen.

Wir haben hier links wieder die Summe der verbrauchten Spannkräfte, rechts die der lebendigen Kräfte des ganzen Systems, und wir können das Gesetz jetzt so aussprechen: In allen Fällen der Bewegung freier materieller Punkte unter dem Einfluss ihrer anziehenden oder abstossenden Kräfte, deren Intensitäten nur von der Entfernung abhängig sind, ist der Verlust an Quantität der Spannkraft stets gleich dem Gewinn an lebendiger Kraft, und der Gewinn der ersteren dem Verlust der letzteren. Es ist also stets die Summe der vorhandenen lebendigen und Spannkräfte constant. In dieser allgemeinsten Form können wir unser Gesetz als das Princip von der Erhaltung der Kraft bezeichnen.

In der gegebenen Ableitung des Gesetzes ändert sich nichts, wenn ein Theil der Punkte, welche wir mit dem durchlaufenden Buchstaben b bezeichnen wollen, fest gedacht wird, so dass q_b constant $= 0$; es ist dann die Form des Gesetzes:

$$\Sigma[\varphi_{ab}dr_{ab}] + \Sigma[\varphi_{ab}dr_{ab}] = - \Sigma[\tfrac{1}{2}m_b d(q_b^2)]. \qquad 5)$$

Es bleibt noch übrig zu bemerken, in welchem Verhältniss das Princip von der Erhaltung der Kraft zu dem allgemeinsten Gesetze der Statik, dem sogenannten Princip der virtuellen Geschwindigkeiten steht. Dieses folgt nämlich unmittelbar aus unseren Gleichungen 3 und 5. Soll Gleichgewicht stattfinden bei einer bestimmten Lagerung der Punkte m_a, d. h. soll für den Fall, dass diese Punkte [18] ruhen, also $q_a = 0$, dieser Zustand der Ruhe auch bestehen bleiben, also alle $dq_a = 0$, so folgt aus der Gleichung 3

$$\Sigma[\varphi_{ab} dr_{ab}] = 0, \qquad 6)$$

oder wenn auch Kräfte von Punkten m_b ausserhalb des Systems einwirken, aus Gleichung 5

$$\Sigma[\varphi_{ab} dr_{ab}] + \Sigma[\varphi_{\bar{a}b} dr_{ab}] = 0. \qquad 7)$$

In diesen Gleichungen sind unter dr Aenderungen der Entfernung zu verstehen, welche bei beliebigen, durch die anderweitigen Bedingungen des Systems zugelassenen, kleinen Verschiebungen der Punkte m_a eintreten. Wir haben in den früheren Deductionen gesehen, dass eine Vermehrung der lebendigen Kraft, also auch ein Uebergang aus Ruhe in Bewegung, nur durch einen Verbrauch von Spannkraft erzeugt werden kann; die letzten Gleichungen sagen dem entsprechend aus, dass unter solchen Bedingungen, wo durch keine einzige der möglichen Bewegungsrichtungen in dem ersten Augenblicke Spannkraft verbraucht wird, das System, wenn es einmal in Ruhe ist, auch in Ruhe bleiben muss.

Dass aus den hingestellten Gleichungen sämmtliche Gesetze der Statik hergeleitet werden können, ist bekannt. Die für die Natur der wirkenden Kräfte wichtigste Folgerung ist diese: Denken wir uns statt der beliebigen kleinen Verschiebungen der Puncte m solche gesetzt, wie sie stattfinden könnten, wenn das System in sich fest verbunden wäre, so dass in Gleichung 7 alle $dr_{ab} = 0$, so folgt einzeln

$$\Sigma[\varphi_{ab} dr_{ab}] = 0 \quad \text{und}$$
$$\Sigma[\varphi_{ab} dr_{ab}] = 0.$$

Dann müssen also sowohl die äusseren, wie die inneren Kräfte für sich der Gleichgewichtsbedingung genügen. Wird demnach ein beliebiges System von Naturkörpern durch äussere [19] Kräfte in eine bestimmte Gleichgewichtslage gebracht, so wird das Gleichgewicht nicht aufgehoben, 1) wenn wir die einzelnen Punkte des Systems in ihrer jetzigen Lage unter sich fest verbunden denken, und 2) wenn wir dann die Kräfte wegnehmen, welche dieselben gegen einander ausüben. Daraus folgt nun aber weiter: Werden die Kräfte, welche zwei Massenpunkte aufeinander ausüben, durch zwei an dieselben angebrachte äussere

Kräfte in Gleichgewicht gesetzt, so müssen sich diese auch das Gleichgewicht halten, wenn statt der Kräfte der Punkte gegeneinander eine feste Verbindung derselben substituirt wird. Kräfte, welche zwei Punkte einer festen geraden Linie angreifen, halten sich aber nur im Gleichgewicht, wenn sie in dieser Linie selbst liegen, gleich und entgegengesetzt gerichtet sind. Es folgt also auch für die Kräfte der Punkte selbst, welche den äusseren gleich und entgegengesetzt sind, dass dieselben in der Richtung der verbindenden Linie liegen, also anziehende oder abstossende sein müssen.

Wir können die aufgestellten Sätze folgendermaassen zusammenfassen:

1) So oft Naturkörper vermöge anziehender oder abstossender Kräfte, welche von der Zeit und Geschwindigkeit unabhängig sind, auf einander einwirken, muss die Summe ihrer lebendigen und Spannkräfte eine constante sein; das Maximum der zu gewinnenden Arbeitsgrösse also ein bestimmtes, endliches.

2) Kommen dagegen in den Naturkörpern auch Kräfte vor, welche von der Zeit und Geschwindigkeit abhängen, oder nach anderen Richtungen wirken als der Verbindungslinie je zweier wirksamer materieller Punkte, also z. B. rotirende, so würden Zusammenstellungen solcher Körper [20] möglich sein, in denen entweder in das Unendliche Kraft verloren geht, oder gewonnen wird.[4]

3) Beim Gleichgewicht eines Körpersystems unter der Wirkung von Centralkräften müssen sich die innern und die äussern Kräfte für sich im Gleichgewicht halten, sobald wir die Körper des Systems unter sich unverrückbar verbunden denken, und nur das ganze System gegen ausser ihm liegende Körper beweglich. Ein festes System solcher Körper wird deshalb nie durch die Wirkung seiner innern Kräfte in Bewegung gesetzt werden können, sondern nur durch Einwirkung äusserer Kräfte. Gäbe es dagegen andere als Centralkräfte, so würden sich feste Verbindungen von Naturkörpern herstellen lassen, welche sich von selbst bewegten, ohne einer Beziehung zu anderen Körpern zu bedürfen.

III.

Die Anwendung des Princips in den mechanischen Theoremen.

Wir gehen jetzt zu den speciellen Anwendungen des Gesetzes von der Constanz der Kraft über. Zuerst haben wir diejenigen Fälle kurz zu erwähnen, in denen das Princip von der Erhaltung der lebendigen Kraft bisher schon benutzt und anerkannt ist.

1) Alle Bewegungen, welche unter dem Einfluss der allgemeinen Gravitationskraft vor sich gehen, also die der himmlischen und die der schweren irdischen Körper. Bei jenen spricht sich das Gesetz aus in der Zunahme ihrer Geschwindigkeit, sobald sie sich in ihrer Bahn dem Central-körper nähern, in der Unveränderlichkeit [21] ihrer grossen Bahnaxen, ihrer Umlaufs- und Rotationszeit; bei diesen in dem bekannten Gesetz, dass die Endgeschwindigkeit des Falls nur von der Fallhöhe, nicht von der Richtung und Form der durch-laufenen Bahn abhängt, und dass diese Geschwindigkeit, wenn sie nicht durch Reibung oder unelastischen Stoss vernichtet wird, gerade hinreicht, die gefallenen Körper wieder zu derselben Höhe emporzutreiben, aus der sie herabgefallen sind. Dass die Fallhöhe eines bestimmten Gewichts als Maass der Arbeits-grössen unserer Maschinen benutzt wird, ist schon erwähnt worden.

2) Die Uebertragung der Bewegungen durch die incompressibeln festen und flüssigen Körper, sobald nicht Reibung oder Stoss unelastischer Stoffe stattfindet. Unser allgemeines Princip wird für diese Fälle gewöhnlich als die Regel ausgesprochen, dass eine durch mechanische Potenzen fortgepflanzte und abgeänderte Bewegung stets in demselben Verhältniss an Kraftintensität abnimmt, als sie an Geschwindig-keit zunimmt. Denken wir uns also durch eine Maschine, in welcher durch irgend einen Vorgang gleichmässig Arbeitskraft erzeugt wird, das Gewicht m mit der Geschwindigkeit c gehoben, so wird durch eine andere mechanische Einrichtung das Gewicht nm gehoben werden können, aber nur mit der Geschwindigkeit $\frac{c}{n}$, so dass in beiden Fällen die Quantität der von der Maschine in der Zeiteinheit erzeugten Spannkraft durch mgc darzustellen ist, wo g die Intensität der Schwerkraft darstellt.

3) Die Bewegungen vollkommen elastischer fester
und flüssiger Körper. Als Bedingung der vollkommenen
Elasticität müssen wir nur der gewöhnlich [22] hingestellten,
dass der in seiner Form oder seinem Volumen veränderte Körper dieselben vollständig wiedererlange, auch noch hinzufügen,
dass in seinem Innern keine Reibung der Theilchen stattfinde.
Bei den Gesetzen dieser Bewegungen ist unser Princip am frühe-
sten erkannt, und am häufigsten benutzt worden. Als die ge-
wöhnlichsten Fälle der Anwendung bei den festen Körpern sind
zu erwähnen der elastische Stoss, dessen Gesetze sich leicht aus
unserem Princip und dem von der Erhaltung des Schwerpunkts
herleiten lassen, und die mannigfaltigen elastischen Vibrationen,
welche fortdauern auch ohne neuen Anstoss, bis sie durch die
Reibung im Innern und die Abgabe der Bewegung an äussere
Medien vernichtet sind. Bei den flüssigen Körpern, sowohl
tropfbaren (offenbar auch elastisch, nur mit sehr hohem Elasticitätsmodulus und mit einer Gleichgewichtslage der Theilchen
versehen) als auch gasigen (mit niedrigem Elasticitätsmodulus
und ohne Gleichgewichtslage) setzen sich im Allgemeinen alle
Bewegungen bei ihrer Ausbreitung in Wellenform um. Dazu
gehören die Wellen der Oberfläche tropfbarer Flüssigkeiten,
die Bewegung des Schalls, und wahrscheinlich die des Lichts
und der strahlenden Wärme.

Die lebendige Kraft eines einzelnen Theilchens Δm in einem
von einem Wellenzuge durchzogenen Medium ist offenbar zu bestimmen durch die Geschwindigkeit, welche dasselbe in der
Gleichgewichtslage hat. Die allgemeine Wellengleichung bestimmt die Geschwindigkeit u bekanntlich, wenn a^2 die Intensität, λ die Wellenlänge, α die Fortpflanzungsgeschwindigkeit,
x die Abscisse und t die Zeit ist, folgendermaassen:

$$u = a \cdot cos\left[\frac{2\pi}{\lambda}(x - \alpha t)\right]$$

[23] Für die Gleichgewichtslage ist $u = a$, folglich die lebendige
Kraft des Theilchens Δm während der Wellenbewegung $\frac{1}{2}\Delta m a^2$,
proportional der Intensität. Breiten sich Wellen von einem Cen-
trum kugelförmig aus, so setzen sie immer grössere Massen in
Bewegung, folglich muss die Intensität abnehmen, wenn die
lebendige Kraft dieselbe bleiben soll. Da nun die von der Welle
umfassten Massen zunehmen wie die Quadrate der Entfernung,
so folgt das bekannte Gesetz, dass die Intensitäten im umgekehrten Verhältnisse abnehmen.

Die Gesetze der Zurückwerfung, Brechung und Polarisation
des Lichts an der Grenze zweier Medien von verschiedener
Wellengeschwindigkeit sind bekanntlich schon von *Fresnel* hergeleitet worden aus der Annahme, dass die Bewegung der Grenz-
theilchen in beiden Mitteln dieselbe sei, und aus der Erhaltung
der lebendigen Kraft. Bei der Interferenz zweier Wellenzüge
findet keine Vernichtung der lebendigen Kraft statt, sondern nur
eine andere Vertheilung. Zwei Wellenzüge von den Intensitäten
a^2 und b^2, welche nicht interferiren, geben allen getroffenen
Punkten die Intensität $a^2 + b^2$; interferiren sie, so haben die
Maxima $(a+b)^2$, um $2ab$ grösser, die Minima $(a-b)^2$, um eben
so viel kleiner als $a^2 + b^2$.

Vernichtet wird die lebendige Kraft der elastischen Wellen
erst bei denjenigen Vorgängen, welche wir als Absorption derselben bezeichnen. Die Absorption der Schallwellen finden wir
hauptsächlich durch das Gegenstossen gegen nachgiebige un-
elastische Körper, z. B. Vorhänge, Decken befördert, dürfen sie
also wohl hauptsächlich für einen Uebergang der Bewegung an
die getroffenen Körper und Vernichtung in diesen durch Reibung
halten; ob die Bewegung auch durch Reibung der Lufttheilchen
gegen [**24**] einander vernichtet werden könne, möchte noch nicht
zu entscheiden sein. Die Absorption der Wärmestrahlen wird
von einer proportionalen Wärmeentwicklung begleitet; in wie-
fern die letztere einem gewissen Kraftäquivalente entspreche,
werden wir im nächsten Abschnitt behandeln. Die Erhaltung
der Kraft würde stattfinden, wenn so viel Wärme, als in dem
ausstrahlenden Körper verschwindet, in dem bestrahlten wieder-
erscheint, vorausgesetzt, dass keine Ableitung stattfinde, und
kein Theil der Strahlung anderswohin gelangt. Das Theorem
ist bei den Versuchen über Wärmestrahlung bisher wohl vorausgesetzt worden, doch sind mir keine Versuche zu seiner Begründung bekannt. Bei der Absorption der Lichtstrahlen durch
die unvollkommen oder gar nicht durchsichtigen Körper kennen
wir dreierlei Vorgänge. Zuerst nehmen die phosphorescirenden
Körper das Licht in solcher Weise in sich auf, dass sie es nachher wieder als Licht entlassen können. Zweitens scheinen die
meisten, vielleicht alle Lichtstrahlen Wärme zu erregen. Der
Annahme von der Identität der wärmenden, leuchtenden und
chemischen Strahlen des Spectrum sind in der neueren Zeit die
scheinbaren Hindernisse immer mehr aus dem Wege geräumt*),

*) S. *Melloni* in *Poggd.* Ann. Bd. LVII. S. 300. *Brücke* in Ann.
Bd. LXV. 593.

2*

nur scheint das Wärmeäquivalent der chemischen und leuchtenden Strahlen ein höchst geringes zu sein im Vergleich zu
ihrer intensiven Wirkung auf das Auge. Sollte sich die Gleich-
artigkeit dieser verschieden wirkenden Strahlungen aber nicht
bestätigen, so würden wir allerdings das Ende der Lichtbe-
wegung für ein unbekanntes erklären müssen. In vielen Fällen
drittens [25] erzeugt das absorbirte Licht chemische Wirkungen.
In Bezug auf die Kraftverhältnisse werden hier zweierlei Arten
solcher Wirkungen unterschieden werden müssen, einmal diejenigen, wo es nur den Anstoss zur Thätigkeit der chemischen
Verwandtschaft giebt, ähnlich den katalytisch wirkenden Körpern, z. B. die Wirkung auf ein Gemenge von Chlor und Wasserstoff; und zweitens diejenigen, wo es den chemischen Verwandt-
schaften entgegenwirkt, z. B. bei der Zersetzung der Silbersalze,
bei der Einwirkung auf grüne Pflanzentheile. Bei den meisten
dieser Vorgänge sind aber die Resultate der Lichteinwirkung
noch so wenig gekannt, dass wir über die Grösse der dabei auf-
tretenden Kräfte noch gar nicht urtheilen können; bedeutend
durch ihre Quantität und Intensität scheinen dieselben nur bei
der Einwirkung auf die grünen Pflanzentheile zu sein.

IV.

Das Kraftäquivalent der Wärme.

Diejenigen mechanischen Vorgänge, bei welchen man bisher
einen absoluten Verlust von Kraft angenommen hat, sind:

1) Der Stoss unelastischer Körper. Derselbe ist
meist mit einer Formveränderung und Verdichtung der gestossenen Körper verbunden, also mit Vermehrung der Spannkräfte;
dann finden wir bei oft wiederholten Stössen der Art eine
beträchtliche Wärmeentwicklung, z. B. beim Hämmern eines
Metallstücks; endlich wird ein Theil der Bewegung als Schall
an die anstossenden festen und luftförmigen Körper abgegeben.

[26] 2) Die Reibung, sowohl an den Oberflächen zweier
sich über einander hinbewegender Körper, als im Innern derselben
bei Formveränderungen, durch die Verschiebung der kleineren
Theilchen an einander hervorgebracht. Auch bei der Reibung
finden meistens geringe Veränderungen in der moleculären Constitution der Körper namentlich im Anfang ihres Aneinander-
reibens statt; späterhin pflegen sich die Oberflächen einander

so zu accommodiren, dass diese Veränderungen bei fernerer Bewegung als verschwindend klein zu setzen sein möchten. In manchen Fällen fehlen dieselben wohl ganz, z. B. wenn Flüssigkeiten sich an festen Körpern oder unter einander reiben. Ausserdem finden aber stets auch thermische und electrische Aenderungen statt.

Man pflegt in der Mechanik die Reibung als eine Kraft darzustellen, welche der vorhandenen Bewegung entgegenwirkt, und deren Intensität eine Function der Geschwindigkeit ist. Offenbar ist diese Auffassung nur ein zum Behuf der Rechnungen gemachter, höchst unvollständiger Ausdruck des complicirten Vorgangs, bei welchem die verschiedensten Molecularkräfte in Wechselwirkung treten. Aus jener Auffassung folgte, dass bei der Reibung lebendige Kraft absolut verloren ginge, ebenso nahm man es beim elastischen Stosse an. Dabei ist aber nicht berücksichtigt worden, dass abgesehen von der Vermehrung der Spannkräfte durch die Compression der reibenden oder gestossenen Körper, uns sowohl die gewonnene Wärme eine Kraft repräsentirt, durch welche wir mechanische Wirkungen erzeugen können, als auch die meistentheils erzeugte Electricität entweder direct durch ihre anziehenden und abstossenden Kräfte, oder indirect dadurch dass sie Wärme entwickelt. Es bliebe also [27] zu fragen übrig, ob die Summe dieser Kräfte immer der verlorenen mechanischen Kraft entspricht. In den Fällen, wo die molecularen Aenderungen und die Electricitätsentwicklung möglichst vermieden sind, würde sich diese Frage so stellen, ob für einen gewissen Verlust an mechanischer Kraft jedesmal eine bestimmte Quantität Wärme entsteht, und inwiefern eine Wärmequantität einem Aequivalent mechanischer Kraft entsprechen kann. Zur Lösung der ersteren Frage sind erst wenige Versuche angestellt. *Joule**)* hat die Wärmemengen untersucht, welche bei der Reibung des Wassers in engen Röhren und in einem Gefässe entwickelt werden, wo es durch ein nach Art einer Turbine construirtes Rad in Bewegung gesetzt wurde; er hat im ersteren Falle gefunden, dass die Wärme, welche 1 Kilogr. Wasser um 1° C. erwärmt, 452 Kilogr. um ein Meter hebt, im zweiten 521 Kilogr. Indessen entsprechen seine Messungsmethoden zu wenig der Schwierigkeit der Untersuchung, als dass diese Resultate irgendwie auf Genauigkeit Anspruch

---

*) *J. P. Joule.* On the existence of an equivalent relation between heat and the ordinary forms of mechanical power. Phil. mag. XXVII. 205.

machen könnten; wahrscheinlich sind diese Zahlen zu hoch,
weil bei seinem Verfahren wohl leicht Wärme für die Beobach-
tung verloren werden konnte, dagegen der nothwendige Verlust
der mechanischen Kraft in den übrigen Maschinentheilen von
dieser nicht in Abrechnung gebracht ist.

Wenden wir uns nun zu der ferneren Frage, in wie weit
Wärme einem Kraftäquivalent entsprechen könne. Die materielle
Theorie der Wärme muss nothwendig die Quantität des Wärmestoffs als constant ansehen; mechanische [28] Kraft kann er
nach ihr nur durch sein Streben sich auszudehnen erzeugen.
Für sie kann das Kraftäquivalent der Wärme also auch nur in
der Arbeit bestehen, welche dieselbe bei ihrem Uebergang aus
einer höheren in eine niedere Temperatur leistet; in diesem
Sinne haben *Carnot* und *Clapeyron* die Aufgabe bearbeitet,
und alle Folgerungen aus der Annahme eines solchen Aequiva-
lents wenigstens für Gase und Dämpfe bestätigt gefunden.

- Um die Reibungswärme zu erklären, muss die materielle
Theorie entweder annehmen, dass dieselbe von aussen zugeleitet
sei, nach *W. Henry**), oder dass dieselbe nach *Berthollet***)
durch Compression der Oberflächen und der abgeriebenen Theile
entstehe. Der ersteren Annahme fehlt bisher noch jede Erfahrung, dass in der Umgegend geriebener Theile eine der oft
gewaltigen Wärmemenge entsprechende Kälte entwickelt werde;
die zweite, abgesehen davon, dass sie eine ganz unwahrscheinlich grosse Wirkung der durch die hydrostatische Wage meist
nicht wahrnehmbaren Verdichtung annehmen muss, scheitert
ganz bei der Reibung von Flüssigkeiten, und bei den Versuchen,
wo Eisenkeile durch Hämmern glühend und weich gemacht, Eis-
stücke durch Reibung geschmolzen werden***), da doch das
weichgewordene Eisen und das durch Schmelzung entstandene
Wasser nicht in dem comprimirten Zustande geblieben sein können. Ausserdem beweist uns aber auch die Erzeugung von
Wärme durch electrische Bewegungen, dass [29] die Quantität
der Wärme in der That absolut vermehrt werden könne. Wenn
wir auch die Reibungselectricität und die voltaische übergehen,
weil man annehmen könnte, durch irgend eine Verbindung und
Beziehung der Electricitäten zum Wärmestoff werde in diesen
Fällen derselbe nur von der Ursprungsstelle fortgeführt und in

---

*) Mem. of the Society of Manchester. T. V. p. 2. London 1802.
**) Statique chimique. T. I. p. 247.
***) *Humphrey Davy*, Essay on heat, light and the combinations
of light.

dem erwärmten Leitungsdraht abgesetzt: so bleiben uns noch
zwei Wege übrig, electrische Spannungen auf rein mechanischem
Wege hervorzubringen, wobei nirgends Wärme vorhanden ist,
welche fortgeführt werden könnte, nämlich durch Vertheilung
und durch Bewegung von Magneten. Haben wir einen positiv
electrischen vollkommen isolirten Körper, der seine Electricität
nicht verlieren kann, so wird ein angenäherter isolirter Leiter
freie $+ E$ zeigen, wir werden diese auf die Innenseite einer
Batterie entladen können, den Leiter entfernen, worauf er freie
$- E$ enthält, welche in die Aussenseite der ersten oder in eine
zweite Batterie entladen wird. Wir werden durch Wiederholung
dieses Verfahrens offenbar eine beliebig grosse Batterie beliebig
oft laden, und durch ihre Entladung Wärme erzeugen können,
ohne dass dieselbe irgendwo verschwindet. Dagegen werden
wir eine gewisse mechanische Kraftgrösse verbraucht haben,
weil bei jeder Entfernung des negativ geladenen Leiters von dem
positiven vertheilenden Körper die Anziehung zwischen beiden
überwunden werden muss. Im Wesentlichen wird dieses Verfahren offenbar ausgeführt bei dem Gebrauche des Electrophors
zur Ladung einer Leydner Flasche. Derselbe Fall findet bei
den magnetelectrischen Maschinen statt; so lange Magnet und
Anker gegen einander bewegt werden, entstehen electrische
Ströme, welche im Schliessungsdraht Wärme erzeugen; und indem sie der Bewegung des Ankers [30] gegen den Magneten
fortdauernd entgegenwirken, dafür einen gewissen Theil der
mechanischen Kraft zerstören. Es kann hier offenbar aus den
die Maschine constituirenden Körpern in das Unendliche Wärme
entwickelt werden, ohne dass dieselbe irgendwo verschwände.
Dass der magnetelectrische Strom auch in dem direct unter
dem Einfluss des Magneten stehenden Theil der Spirale Wärme,
und nicht Kälte, erzeugt, hat direct durch das Experiment *Joule**)
zu beweisen gesucht. Aus diesen Thatsachen folgt nun, dass
die Quantität der Wärme absolut vermehrt werden könne durch
mechanische Kräfte, dass deshalb die Wärmeerscheinungen
nicht hergeleitet werden können von einem Stoffe, welcher durch
sein blosses Vorhandensein dieselben bedinge, sondern dass sie
abzuleiten seien von Veränderungen, von Bewegungen, sei es
eines eigenthümlichen Stoffes, sei es der schon sonst bekannten
ponderablen und imponderablen Körper, z. B. der Electricitäten
oder des Lichtäthers. Das, was bisher Quantität der Wärme

---

*) Philos. Magazine. 1844.

genannt worden ist, würde hiernach der Ausdruck sein erstens
für die Quantität der lebendigen Kraft der Wärmebewegung und
zweitens für die Quantität derjenigen Spannkräfte in den Atomen,
welche bei einer Veränderung ihrer Anordnung eine solche Bewegung hervorbringen können; der erstere Theil würde dem
entsprechen, was bisher freie, der zweite dem, was latente
Wärme genannt ist. Wenn es erlaubt ist, einen Versuch zu
machen, den Begriff dieser Bewegung noch bestimmter zu fassen,
so scheint im Allgemeinen eine der Ansicht von *Ampère* sich
anschliessende Hypothese dem jetzigen Zustand der Wissenschaft am besten zu entsprechen. Denken wir [31] uns die
Körper aus Atomen gebildet, welche selbst aus differenten
Theilchen bestehen (chemischen Elementen, Electricitäten etc.),
so können an einem solchen Atom dreierlei Arten von Bewegungen unterschieden werden, nämlich 1) Verschiebung des
Schwerpunkts, 2) Drehung um den Schwerpunkt, 3) Verschiebungen der Theilchen des Atoms gegen einander. Die beiden
ersteren würden durch die Kräfte der Nachbaratome ausge-
glichen werden, und sich deshalb auf diese in Wellenform fort-
pflanzen, eine Fortpflanzungsart, welche wohl der Strahlung,
nicht aber der Leitung der Wärme entspricht. Bewegungen der
einzelnen Theile des Atoms gegen einander würden sich durch
die innerhalb des Atoms befindlichen Kräfte ausgleichen, und
die Nachbaratome nur langsam in Mitbewegung setzen können,
wie eine schwingende Saite die andere, dafür aber selbst eine
gleiche Quantität Bewegung verlieren; diese Art der Fortpflan-
zung scheint der der geleiteten Wärme ähnlich zu sein. Auch
ist im Allgemeinen klar, dass solche Bewegungen in den Atomen
Aenderungen in den Molecularkräften, also Ausdehnung und
Aenderung des Aggregatzustands, hervorbringen können; welcher Art aber diese Bewegungen seien, zu bestimmen, dazu
fehlen uns alle Anhaltspunkte, auch ist für unseren Zweck die
Einsicht der Möglichkeit hinreichend, dass die Wärmeerscheinungen als Bewegungen gefasst werden können. Die Erhaltung
der Kraft würde bei dieser Bewegung so weit stattfinden, als
bisher die Erhaltung der Quantität des Wärmestoffs erkannt ist,
nämlich bei allen Erscheinungen der Leitung und Strahlung aus
einem Körper zu dem andern, bei der Bindung und Entbindung
von Wärme durch Aenderung des Aggregatzustandes.

[32] Von den verschiedenen Entstehungsweisen der Wärme
haben wir die durch Einstrahlung und durch mechanische Kräfte
besprochen, die durch Electricität werden wir unten durchgehen.

Es bleibt die Wärmeentwicklung durch chemische Processe. Man hat dieselbe bisher für ein Freiwerden von Wärmestoff erklärt, welcher in den sich verbindenden Körpern latent vorhanden sei. Da man hiernach jedem einfachen Körper und jeder chemischen Verbindung, die noch weitere Verbindungen höherer Ordnung eingehen kann, eine bestimmte Quantität latenter Wärme beilegen musste, welche nothwendig mit zu ihrer chemischen Constitution gehörte: so folgte hieraus das Gesetz, welches man auch theilweise in der Erfahrung bewahrheitet hat, dass nämlich bei der chemischen Verbindung mehrerer Stoffe zu gleichen Producten stets gleich viel Wärme hervorgebracht werde, in welcher Ordnung und in welchen Zwischenstufen auch die Verbindung vor sich gehen möge *). Nach unserer Vorstellungsweise würde die bei chemischen Processen entstehende Wärme die Quantität der lebendigen Kraft sein, welche durch die bestimmte Quantität der chemischen Anziehungskräfte hervorgebracht werden kann, und das obige Gesetz würde der Ausdruck für das Princip von der Erhaltung der Kraft in diesem Falle werden.

Ebenso wenig, als man die Bedingungen und Gesetze der Erzeugung von Wärme untersucht hat, obgleich eine solche unzweifelhaft stattfindet, ist dies für das Verschwinden derselben geschehen. Bisher kennt man nur die Fälle, wo chemische Verbindungen aufgehoben wurden, oder dünnere Aggregatzustände eintraten, und dadurch Wärme latent [**33**] wurde. Ob bei der Erzeugung mechanischer Kraft Wärme verschwinde, was ein nothwendiges Postulat der Erhaltung der Kraft sein würde, ist noch niemals gefragt worden. Ich kann dafür nur einen Versuch von *Joule* **) anführen, der ziemlich zuverlässig zu sein scheint. Derselbe fand nämlich, dass die Luft bei dem Ausströmen aus einem Behälter von 136,5 Cubikzollen, in welchem sie unter 22 Atmosphären Druck stand, das umgebende Wasser um $4^{\circ},085$ F. erkältete, sobald sie in die Atmosphäre ausströmte, also deren Widerstand zu überwinden hatte. Dagegen trat keine Temperaturveränderung ein, wenn dieselbe in ein luftleeres, ebenso grosses Gefäss überströmte, welches in demselben Wassergefäss stand, wo sie also keinen Widerstand zu überwinden hatte, und keine mechanische Kraft ausübte.

Wir haben jetzt noch zu untersuchen, in welchem Verhält-

---

*) *Hess* in *Poggd.* Ann. L 392. LVI 599.
**) Philos. Magaz. XXVI 369.

niss die Versuche von *Clapeyron*[*]) und *Holtzmann*[**]), das
Kraftäquivalent der Wärme herzuleiten, zu dem unsrigen stehen.
Clapeyron geht aus von der Betrachtung, dass die Wärme nur
durch ihreVerbreitung aus einem wärmeren Körper in einen anderen kälteren als Mittel zur Erzeugung mechanischer Kraft benutzt
werden könne, und dass das Maximum der letzteren gewonnen
werden müsse, wenn die Ueberleitung der Wärme nur zwischen
Körpern gleicher Temperatur stattfinde, die Temperaturände-
rungen aber durch Compression und Dilatation der erwärmten
Körper bewirkt würden. Dieses Maximum müsse aber für alle
Naturkörper, [34] welche durch Erwärmung und Erkältung eine
mechanische Arbeit leisten könnten, dasselbe sein; denn wäre es
verschieden, so würde man den einen Körper, in welchem ein
gewisses Wärmequantum die grössere Wirkung giebt, zur Gewinnung von mechanischer Arbeit benutzen können, und einen
Theil dieser letztern dann, um mit dem andern Körper rückwärts die Wärme wieder aus der kältern in die wärmere Quelle
zurückzubringen, und man würde so in das Unendliche mechanische Kraft gewinnen, wobei aber stillschweigend vorausgesetzt
wird, dass die Quantität der Wärme dadurch nicht verändert
werde. Analytisch stellt er dies Gesetz in folgendem allgemeinen
Ausdrucke dar:

$$\frac{dq}{dv} \cdot \frac{dt}{dp} - \frac{dq}{dp} \cdot \frac{dt}{dv} = C$$

worin q die Quantität der Wärme, welche ein Körper enthält,
t seine Temperatur, beide ausgedrückt als Functionen von v dem
Volumen und p dem Druck. $\frac{1}{C}$ ist die mechanische Arbeit,
welche die Einheit der Wärme (die 1 Kilogr. Wasser um 1° C.
erwärmt) leistet, wenn sie in eine um 1° niedrigere Temperatur
übergeht. Dieselbe soll für alle Naturkörper identisch sein, aber
nach der Temperatur veränderlich. Für Gase wird diese Formel

$$C = v\frac{dq}{dv} - p\frac{dq}{dp}.$$

Clapeyrons Folgerungen aus der Allgemeingültigkeit dieser Formel haben wenigstens für Gase eine grosse Zahl von erfahrungsmässigen Analogien für sich. Seine Ableitung des Gesetzes kann

---

[*] *Poggd*. Ann. Bd. LIX 446. 566.
[**] Ueber die Wärme und Elasticität der Gase und Dämpfe. Mann-
heim, 1845. Ein Auszug davon in *Poggd*. Ann. Ergänzungsbd. II.

nur zugegeben werden, wenn die absolute Quantität der Wärme als unveränderlich betrachtet [35] wird; übrigens folgt seine speciellere Formel für Gase, welche allein durch Vergleichung mit der Erfahrung unterstützt ist, auch aus der Formel von *Holtzmann*, wie wir sogleich zeigen werden. Von der allgemeinen Formel hat er nur zu zeigen gesucht, dass das daraus folgende Gesetz der Erfahrung wenigstens nicht widerspricht. Dieses Gesetz ist, dass wenn der Druck auf verschiedene Körper, genommen bei gleicher Temperatur, um eine kleine Grösse erhöht wird, Wärmemengen entwickelt werden, die proportional sind ihrer Ausdehnbarkeit durch die Wärme. Nur auf eine mindestens sehr unwahrscheinliche Folgerung dieses Gesetzes will ich aufmerksam machen. Compression des Wassers bei dem Wendepunkt seiner Dichtigkeit würde nämlich keine Wärme, zwischen diesem und dem Gefrierpunkt aber Kälte erzeugen.

Holtzmann geht aus von der Betrachtung, dass eine gewisse Wärmemenge, welche in ein Gas eintritt, darin entweder eine Temperaturerhöhung oder eine Ausdehnung ohne Temperaturerhöhung erzeugen kann. Die durch diese Ausdehnung zu leistende Arbeit nahm er als das mechanische Acquivalent der Wärme, und berechnete aus den Schallversuchen von *Dulong* über das Verhältniss der beiden specifischen Wärmen der Gase für die Wärme, welche 1 Kilogr. Wasser um 1° C. erwärmt, 374 Kilogr. gehoben um 1 Meter. Diese Art der Berechnung ist von unseren Betrachtungen aus nur zulässig, wenn die ganze lebendige Kraft der hinzugetretenen Wärme wirklich als Arbeitskraft abgegeben ist, also die Summe der lebendigen und Spannkräfte, d. h. die Quantität der freien und latenten Wärme in dem stärker ausgedehnten Gase ganz dieselbe ist, wie in dem dichteren von derselben Temperatur. Danach müsste [36] ein Gas, welches ohne Leistung einer Arbeit sich ausdehnt, seine Temperatur nicht ändern, wie es aus dem oben erwähnten Experiment von *Joule* wirklich hervorzugehen scheint, und die Temperaturerhöhung und Erniedrigung bei der Compression und Dilatation unter den gewöhnlichen Umständen würde von einer Erzeugung von Wärme durch mechanische Kraft und umgekehrt herrühren. Für die Richtigkeit des Gesetzes von *Holtzmann* spricht die grosse Menge der mit der Erfahrung übereinstimmend gezogenen Folgerungen, namentlich die Herleitung der Formel für die Elasticität des Wasserdampfs bei verschiedenen Temperaturen.

Joule bestimmt aus seinen eigenen Versuchen das Kraft-

äquivalent, welches *Holtzmann* aus fremden zu 374 berechnet
hat, zu 481, 464, 479, während er durch Reibung für das Kraftäquivalent der Wärmeeinheit 452 und 521 gefunden hatte.

Die Formel von *Holtzmann* ist übereinstimmend mit der von
Clapeyron für Gase, nur ist darin auch die unbestimmte Function der Temperatur C gefunden, und dadurch wird die vollständige Bestimmung des Integrals möglich. Die erstere lautet
nämlich

$$\frac{pv}{a} = v\frac{dq}{dv} - p\frac{dq}{dp}$$

wo a das Kraftäquivalent der Wärmeeinheit; die von *Clapeyron*

$$C = v\frac{dq}{dv} - p\frac{dq}{dp}.$$

Beide sind also übereinstimmend, wenn $C = \frac{pv}{a}$ oder da $p =$

$\frac{k}{v}(1 + \alpha t)$, wo α der Ausdehnungscoefficient, k eine [37] Constante ist, wenn

$$\frac{1}{C} = \frac{a}{k(1 + \alpha t)}.$$

Die von *Clapeyron* berechneten Werthe von $\frac{1}{C}$ stimmen nun

wirklich ziemlich mit dieser Formel, wie aus der nachstehenden
Zusammenstellung hervorgeht.

Tempe- ratur	Von *Clapeyron* berechnet			Nach der Formel
	a	b	c	
0°	1,410		1,586	1,544
35,5		1,365	1,292	1,366
78,8		1,208	1,142	1,198
100		1,115	1,102	1,129
156,8		1,076	1,072	0,904

Die Zahl unter a ist aus der Schallgeschwindigkeit in der Luft
berechnet, die Reihe b aus den latenten Wärmen des Dampfes
von Aether, Alkohol, Wasser, Terpentinöl, c aus der Expansiv-
kraft des Wasserdunstes für verschiedene Temperaturen. *Clapeyrons* Formel für Gase ist hiernach identisch mit der von
Holtzmann; ihre Anwendbarkeit auf feste und tropfbar flüssige
Körper bleibt vorläufig zweifelhaft. [5])

V.

Das Kraftäquivalent der electrischen Vorgänge.

Statische Electricität. Die Maschinenelectricität kann
uns auf zweierlei Weise Ursache von Krafterzeugung werden,
einmal indem sie sich mit ihren Trägern bewegt, durch ihre anziehende und abstossende Kraft, dann indem [38] sie sich in
den Trägern bewegt, durch Wärmeentwicklung. Die ersteren
mechanischen Erscheinungen hat man bekanntlich aus den im
umgekehrten Verhältnisse des Quadrats der Entfernung wirkenden, anziehenden und abstossenden Kräften zweier electrischer
Fluida hergeleitet, und die Erfahrungen, soweit dieselben mit
der Theorie verglichen werden konnten, mit der Rechnung übereinstimmend gefunden. Gemäss unserer anfänglichen Herleitung,
muss die Erhaltung der Kraft für solche Kräfte stattfinden. Wir
wollen deshalb auf die specielleren Gesetze der mechanischen
Wirkungen der Electricität nur so weit eingehen, als es uns für
die Ableitung des Gesetzes der electrischen Wärmeentwicklung
nöthig ist.

Sind e_i und e_{ii} zwei electrische Massenelemente, deren Einheit diejenige ist, welche eine ihr gleiche in der Entfernung $= 1$
mit der Kraft $= 1$ abstösst, werden die entgegengesetzten Electricitäten durch entgegengesetzte Vorzeichen der Massen bezeichnet, und ist r die Entfernung zwischen e_i und e_{ii}, so ist
die Intensität ihrer Centralkraft

$$\varphi = -\frac{e_i e_{ii}}{r^2}.$$

Der Gewinn an lebendiger Kraft, indem sie aus der Entfernung
R in die r übergehn, ist:

$$-\int_R^r \varphi\, dr = \frac{e_i e_{ii}}{R} - \frac{e_i e_{ii}}{r}.$$

Wenn sie aus der Entfernung ∞ in die r übergehen, ist derselbe
$-\frac{e_i e_{ii}}{r}$. Bezeichnen wir diese letztere Grösse, die Summe der
bei der Bewegung von ∞ bis r verbrauchten Spannkräfte und
gewonnenen lebendigen Kräfte gemäss der [39] Bezeichnung,
welche *Gauss* bei den Magnetismen angewendet hat, mit dem
Namen Potential der beiden electrischen Elemente für die
Entfernung r, so ist die Zunahme an lebendiger Kraft bei irgend

einer Bewegung gleich zu setzen dem Ueberschuss des Potentials am Ende des Wegs über das am Anfange.

Bezeichnen wir ebenso die Summe der Potentiale eines electrischen Elements gegen sämmtliche Elemente eines electrisirten Körpers als das Potential des Elements gegen den Körper, und die Summe der Potentiale aller Elemente eines electrischen Körpers gegen alle eines andern als das Potential der beiden Körper, so wird uns wieder der Gewinn an lebendiger Kraft durch den Unterschied der Potentiale gegeben, vorausgesetzt, dass die Vertheilung der Electricität in den Körpern nicht geändert werde, dass dieselben also idioelectrische sind. Aendert sich die Vertheilung, so ändert sich auch die Quantität der electrischen Spannkräfte in den Körpern selbst, die gewonnene lebendige Kraft muss also dann eine andere sein.

Durch alle Methoden des Electrisirens werden gleiche Quantitäten positiver und negativer Electricität erzeugt; bei der Ausgleichung der Electricitäten zwischen zwei Körpern, deren einer A eben so viel positive Electricität enthält, als der andere B negative, geht die Hälfte positiver Electricität von A nach B, dagegen die Hälfte negativer von B nach A. Nennen wir die Potentiale der Körper auf sich selbst W_a und W_b, das Potential derselben gegen einander V, so finden wir[6]) die ganze gewonnene lebendige Kraft, wenn wir das Potential der übergehenden electrischen Massen vor der Bewegung gegen jede der anderen Massen und auf sich selbst abziehen von denselben Potentialen nach der [40] Bewegung. Dabei ist zu bemerken, dass das Potential zweier Massen sein Zeichen wechselt, wenn eine der Massen dasselbe wechselt. Es kommen also in Betracht folgende Potentiale:

1) des bewegten $+ \frac{1}{2}E$ aus A
    gegen sich selbst $\frac{1}{4}(W_b - W_a)$
    gegen das bewegte $- \frac{1}{2}E$ $\frac{1}{4}(V - V)$
    gegen das ruhende $+ \frac{1}{2}E$ $\frac{1}{4}(-V - W_a)$
    gegen das ruhende $- \frac{1}{2}E$ $\frac{1}{4}(-W_b - V)$
2) des bewegten $- \frac{1}{2}E$ aus B
    gegen sich selbst $\frac{1}{4}(W_a - W_b)$
    gegen das bewegte $+ \frac{1}{2}E$ $\frac{1}{4}(V - V)$
    gegen das ruhende $- \frac{1}{2}E$ $\frac{1}{4}(-V - W_b)$
    gegen das ruhende $+ \frac{1}{2}E$ $\frac{1}{4}(-W_a - V)$

$$\text{Summe} \quad -\left(V + \frac{W_a + W_b}{2}\right).$$

Diese Grösse giebt uns also das Maximum der zu erzeugenden lebendigen Kraft, und die Quantität der Spannkraft an, welche durch das Electrisiren gewonnen wird.

Um nun statt dieser Potentiale geläufigere Begriffe in die Rechnung einzuführen, brauchen wir folgende Betrachtung. Denken wir uns Flächen construirt, für welche das Potential eines in ihnen liegenden electrischen Elements in Bezug auf einen oder mehrere vorhandene electrische Körper gleiche Werthe hat, und nennen diese Gleichgewichtsoberflächen, so muss die Bewegung eines electrischen Theilchens von irgend einem Punkte der einen zu irgend einem Punkte einer bestimmten andern stets die lebendige Kraft um eine gleiche Grösse vermehren, dagegen wird eine Bewegung in der Fläche selbst die Geschwindigkeit des Theilchens nicht verändern. Es wird also die Resultante [41] sämmtlicher electrischer Anziehungskräfte für jeden einzelnen Punkt des Raums auf der durch ihn gehenden Gleichgewichtsoberfläche senkrecht stehen müssen, und jede Fläche, auf der diese Resultanten senkrecht stehen, wird eine Gleichgewichtsoberfläche sein müssen.

Das electrische Gleichgewicht in einem Leiter wird nun nicht eher bestehen, als bis die Resultanten sämmtlicher Anziehungskräfte seiner eigenen Electricitäten und etwa noch vorhandener anderer electrisirter Körper senkrecht auf seiner Oberfläche stehen, weil durch dieselben sonst die electrischen Theilchen längs der Oberfläche verschoben werden müssten. Folglich wird die Oberfläche eines electrisirten Leiters selbst eine Gleichgewichtsoberfläche sein, und die lebendige Kraft, welche ein verschwindend kleines electrisches Theilchen bei seinem Uebergange von der Oberfläche eines Leiters zu der eines andern gewinnt, eine Constante. Bezeichnet C_a die lebendige Kraft, welche die Einheit der positiven Electricität gewinnt bei ihrem Uebergange von der Oberfläche des Leiters A in unendliche Entfernung, so dass C_a für positiv electrische Ladungen positiv ist, A_a das Potential derselben Electricitätsmenge, wenn sie sich in einem bestimmten Punkte der Oberfläche von A befindet gegen A, A_b dasselbe gegen B, W_a das Potential von A auf sich selbst, W_b dasselbe von B, V das von A auf B, und Q_a die Quantität der Electricität in A, Q_b in B: so ist die lebendige Kraft, welche das electrische Theilchen e bei seinem Uebergange aus unendlicher Entfernung auf die Oberfläche von A gewinnt,

$$- e C_a = e(A_a + A_b).$$

Setzt man statt e nacheinander alle electrischen Theilchen der

Oberfläche von A, und für A_a und A_b die zugehörigen [42] Potentiale, und addirt alle, so erhält man

$$- Q_a C_a = V + W_a.$$

Ebenso für den Leiter B

$$- Q_b C_b = V + W_b.$$

Die Constante C muss nun nicht nur für die ganze Oberfläche eines und desselben Leiters gleich sein, sondern auch für getrennte Leiter, wenn dieselben bei Herstellung einer Verbindung, durch welche die Vertheilung ihrer Electricitäten nicht merklich geändert wird, keine Electricität mit einander austauschen, d. h. sie muss gleich sein für alle Leiter von gleicher freier Spannung. Wir können als Maass der freien Spannung eines electrisirten Körpers diejenige Quantität von Electricität gebrauchen, welche ausserhalb der Vertheilungsweite in einer Kugel vom Radius = 1 angehäuft, mit jenem Körper im electrischen Gleichgewicht steht. Ist die Electricität gleichmässig über die Kugel verbreitet, so wirkt sie bekanntlich nach aussen, als wäre sie ganz im Mittelpunkt derselben zusammengedrängt. Bezeichnen wir die Masse der Electricität mit E, den Radius der Kugel mit $R = 1$, so ist für diese Kugel die Constante

$$C = \frac{E}{R} = E.$$

Also die Constante C ist unmittelbar gleich der freien Spannung.

Danach findet sich die Quantität von Spannkräften zweier Leiter, welche gleiche Quantitäten Q von positiver und negativer Electricität enthalten,

$$- \left(V + \frac{W_a + W_b}{2} \right) = Q \left(\frac{C_a - C_b}{2} \right).$$

Da C_b negativ ist, so ist die algebraische Differenz $C_a - C_b$ [43] gleich ihrer absoluten Summe. Ist die Ableitungsgrösse des Leiters B sehr gross, also nahehin $C_b - 0$, so ist die Quantität der electrischen Spannkräfte $\frac{Q C_a}{2} = - \frac{V + W_a}{2}$; ist auch die Entfernung beider Leiter sehr gross, so ist dieselbe $- \frac{1}{2} W_a$.

Die lebendige Kraft, welche bei der Bewegung zweier electrischer Massen entsteht, haben wir gefunden gleich der Abnahme der Summe $\frac{Q_a C_a + Q_b C_b}{2}$. Diese lebendige Kraft gewinnen wir als mechanische, wenn die Geschwindigkeit, womit sich die Electricität in den Körpern bewegt, verschwindend klein ist gegen die Fortpflanzungsgeschwindigkeit der electrischen Bewegung; wir müssen sie als Wärme empfangen, wenn dies nicht der Fall ist. Die bei der Entladung gleicher Quantitäten Q entgegengesetzter Electricität erzeugte Wärme Θ findet sich demnach

$$\Theta = \frac{1}{2a} Q(C_a - C_b),$$

wo a das mechanische Aequivalent der Wärmeeinheit bezeichnet, oder wenn $C_b = 0$, wie in Batterien, deren äussere Belegung nicht isolirt ist, deren Ableitungsgrösse S ist, so dass $CS = Q$

$$\Theta = \frac{1}{2a} QC = \frac{1}{2a} \frac{Q^2}{S}.$$

*Riess**) hat durch Experimente bewiesen, dass bei verschiedenen Ladungen und verschiedener Anzahl gleich construirter Flaschen die in jedem einzelnen Theile desselben Schliessungsdrahtes entwickelte Wärme proportional sei der Grösse $\frac{Q^2}{S}$. Nur bezeichnet er mit S die Oberfläche der [44] Belegung der Flaschen. Bei gleich construirten Flaschen muss diese aber der Ableitungsgrösse proportional sein. Aus seinen Versuchen hat ferner *Vorsselmann de Heer***) gefolgert, so wie *Knochenhauer****) aus den eigenen, dass die Wärmeentwicklung bei derselben Ladung derselben Batterie dieselbe bleibe, wie auch der Schliessungsdraht abgeändert werden möge. Der letztere hat dieses Gesetz auch bei Verzweigung der Schliessungsdrähte und bei Nebenströmen durchgeführt. Ueber die Grösse der Constante $\frac{1}{2a}$ liegen bis jetzt noch keine Beobachtungen vor.

Zu erklären ist dieses Gesetz leicht, sobald wir uns die Entladung einer Batterie nicht als eine einfache Bewegung der Electricität in einer Richtung vorstellen, sondern als ein Hin- und Herschwanken derselben zwischen den beiden Belegungen in Oscillationen, welche immer kleiner werden, bis die ganze lebendige Kraft derselben durch die Summe der Widerstände vernichtet ist. Dafür, dass der Entladungsstrom aus abwechselnd entgegengerichteten Strömen besteht, spricht erstens die abwech-

*) *Poggd.* Ann. XLIII 47.
**) *Poggd.* Ann. XLVIII 292. Dazu die Bemerkung von *Riess* ebendas. S. 320.
***) Ann. LXII 364. LXIV 64.

selnd entgegengesetzte magnetisirende Wirkung desselben, zweitens die Erscheinung, welche *Wollaston* bei dem Versuch, Wasser
durch electrische Schläge zu zersetzen, wahrnahm, dass sich
nämlich beide Gasarten an beiden Electroden entwickeln. Zugleich erklärt diese Annahme, warum bei diesem Versuch die
Electroden möglichst geringe Oberfläche haben müssen.

[45] Galvanismus. Wir haben in Beziehung auf die galvanischen Erscheinungen zwei Klassen von Leitern zu unterscheiden: 1) diejenigen, welche nach Art der Metalle leiten, und
dem Gesetz der galvanischen Spannungsreihe folgen; 2) diejenigen, welche diesem Gesetze nicht folgen. Alle diese letzteren
sind zusammengesetzte Flüssigkeiten, und erleiden durch jede
Leitung eine der Quantität der geleiteten Electricität propor-
tionale Zersetzung.

Wir können danach die experimentellen Thatsachen ein-
theilen 1) in solche, welche nur zwischen Leitern der ersten
Klasse stattfinden, die Ladung verschiedener sich berührender
Metalle mit ungleichen Electricitäten, und 2) in solche zwischen
Leitern beider Klassen, die electrischen Spannungsunterschiede
der offenen und die electrischen Ströme der geschlossenen Ketten.
Durch eine beliebige Combination von Leitern erster Klasse können niemals electrische Ströme hervorgebracht werden, sondern
nur electrische Spannungen. Diese Spannungen sind aber nicht
äquivalent einer gewissen Kraftgrösse, wie die bisher betrach-
teten, welche eine Störung des electrischen Gleichgewichts bezeichneten: die galvanischen Spannungen sind vielmehr ent-
standen durch die Herstellung des electrischen Gleichgewichts,
durch sie kann keine Bewegung der Electricität hervorgerufen
werden ausser bei Lagenveränderungen der Leiter selbst durch
die geänderte Vertheilung der gebundenen Electricität. Denken
wir uns alle Metalle der Erde mit einander in Berührung gebracht, und die entsprechende Vertheilung der Electricität erfolgt, so kann durch keine andere Verbindung derselben irgend
eines eine Aenderung seiner electrischen freien Spannung erleiden, ehe nicht eine Berührung mit einem Leiter zweiter Klasse
[46] erfolgt ist. Den Begriff der Contactkraft, der Kraft, welche
an der Berührungsstelle zweier verschiedenen Metalle thätig ist,
und ihre verschiedenen electrischen Spannungen erzeugt und
unterhält, hat man bisher nicht näher bestimmt als eben so, weil
man mit demselben auch die Erscheinungen der Berührung von
Leitern erster und zweiter Klasse zu umfassen suchte zu einer
Zeit, wo man den constanten und wesentlichen Unterschied bei-

der Erscheinungen, den chemischen Process, noch nicht als solchen kannte. In dieser dadurch nothwendig gemachten Unbestimmtheit der Begriffsfassung erscheint nun allerdings die Contactkraft als eine solche, welche in das Unendliche Quantitäten freier Electricität und somit mechanische Kräfte, Wärme und Licht erzeugen könnte, wenn es einen einzigen Leiter zweiter Klasse gäbe, welcher nicht durch die Leitung electrolysirt würde. Gerade dieser Umstand ist es auch wohl, welcher der Contacttheorie trotz ihrer einfachen und präcisen Erklärung der Erscheinungen ein so entschiedenes Widerstreben entgegengesetzt hat*). Dem von uns hier durchzuführenden Princip widerspricht der bisherige Begriff dieser Kraft also direct, wenn nicht die Nothwendigkeit der chemischen Processe mit in denselben aufgenommen wird. Geschieht dies aber, nehmen wir an, dass die Leiter zweiter Klasse der galvanischen Spannungsreihe eben deshalb nicht folgen, weil sie nur durch Electrolyse leiten, so lässt sich der Begriff der Contactkraft sogleich wesentlich vereinfachen und auf anziehende und abstossende Kräfte [**47**] zurückführen. Es lassen sich nämlich offenbar alle Erscheinungen in Leitern erster Klasse herleiten aus der Annahme, dass die verschiedenen chemischen Stoffe verschiedene Anziehungskräfte haben gegen die beiden Electricitäten, und dass diese Anziehungskräfte nur in unmessbar kleinen Entfernungen wirken, während die Electricitäten auf einander es auch in grösseren thun. Die Contactkraft würde danach in der Differenz der Anziehungskräfte bestehen, welche die der Berührungsstelle zunächst liegenden Metalltheilchen auf die Electricitäten dieser Stelle ausüben, und das electrische Gleichgewicht eintreten, wenn ein electrisches Theilchen, welches von dem einen zum andern übergeht, nichts mehr an lebendiger Kraft verliert oder gewinnt. Sind c_i und c_{ii} die freien Spannungen der beiden Metalle, $a_i e$ und $a_{ii} e$ die lebendigen Kräfte, welche das electrische Theilchen e bei seinem Uebergange auf das eine oder das andere nicht geladene Metall gewinnt, so ist die Kraft, welche es beim Uebergang von dem einen geladenen Metall zum andern gewinnt:

$$e(a_i - a_{ii}) - e(c_i - c_{ii}).$$

Beim Gleichgewicht muss diese $= 0$ sein, also

$$a_i - a_{ii} = c_i - c_{ii}$$

---

*) S. *Faraday* Experimentaluntersuchungen über Electricität. 17te Reihe. Philos. Transact. 1840 p. I. No. 2071. und *Poggd.* Ann. LIII 568.

d. h. die Spannungsdifferenz muss bei verschiedenen Stücken derselben Metalle constant sein, und bei verschiedenen Metallen dem Gesetz der galvanischen Spannungsreihe folgen.

Bei den galvanischen Strömen haben wir in Bezug auf die Erhaltung der Kraft hauptsächlich folgende Wirkungen zu betrachten: Wärmeentwicklung, chemische Processe und Polarisation. Die electrodynamischen Wirkungen werden wir beim Magnetismus durchnehmen. Die Wärmeentwicklung [48] ist allen Strömen gemein; nach den beiden anderen Wirkungen können wir sie für unseren Zweck unterscheiden in solche, welche blos chemische Zersetzungen, in solche, welche blos Polarisation, und in solche, welche beides hervorbringen.

Zuerst wollen wir die Bedingungen der Erhaltung der Kraft untersuchen an solchen Ketten, bei welchen die Polarisation aufgehoben ist, weil diese die einzigen sind, für welche wir bis jetzt bestimmte durch Messungen bewährte Gesetze haben. Die Intensität des Stromes J einer Kette von n Elementen wird gegeben durch das *Ohm*'sche Gesetz,

$$J = \frac{nA}{W},$$

wo die Constante A die electromotorische Kraft des einzelnen Elements und W der Widerstand der Kette genannt wird; A und W sind in diesen Ketten unabhängig von der Intensität. Da während eines gewissen Zeitraums der Wirkung einer solchen Kette nichts in ihr geändert wird, als die chemischen Verhältnisse und die Wärmemenge, so würde das Gesetz von der Erhaltung der Kraft fordern, dass die durch die vorgegangenen chemischen Processe zu gewinnende Wärme gleich sei der wirklich gewonnenen. In einem einfachen Stück einer metallischen Leitung vom Widerstand w ist nach *Lenz*[*) die während der Zeit t entwickelte Wärme

$$\vartheta = J^2 w t,$$

wenn man als Einheit von w die Drahtlänge nimmt, in welcher die Einheit des Stroms in der Zeiteinheit die [49] Wärmeeinheit entwickelt. Für verzweigte Schliessungsdrähte, wo die Widerstände der einzelnen Zweige mit w_a bezeichnet werden, ist der Gesammtwiderstand w gegeben durch die Gleichung

---

*) S. *Poggd.* Ann. LIX S. 203 u. 407 aus den Bull. de l'acad. d. scienc. de St. Pétersbourg. 1843.

$$\frac{1}{w} = \Sigma \left[\frac{1}{w_a} \right]$$

die Intensität J_n im Zweige w_n durch

$$J_n = \frac{Jw}{w_n}$$

also die Wärme ϑ_n in demselben Zweige

$$\vartheta_n = J^2 w^2 \cdot \frac{1}{w_n} t$$

und die in der ganzen verzweigten Leitung entwickelte Wärme

$$\vartheta = \Sigma [\vartheta_a] = J^2 w^2 \Sigma \left[\frac{1}{w_a} \right] t = J^2 w \cdot t$$

Folglich ist die in einer mit beliebigen Verzweigungen der Leitung versehenen Kette entwickelte Gesammtwärme, wenn das Gesetz von *Lenz* auch auf flüssige Leiter passt, wie es *Joule* gefunden hat:

$$\Theta = J^2 Wt = n A J t.$$

Wir haben zweierlei Arten von constanten Ketten, die nach dem Schema der *Daniel*'schen und die nach dem der *Grove*-schen construirten. Bei den ersteren besteht der chemische Vorgang darin, dass sich das positive Metall in einer Säure auflöst, und aus einer Lösung in derselben Säure das negative sich niederschlägt. Nehmen wir als Einheit der Stromintensität diejenige, welche in der Zeiteinheit ein Aequivalent Wasser zersetzt (etwa $O = 1 \, grm.$ [50] genommen), so werden in der Zeit t gelöst nJt Aequivalente des positiven Metalls, und eben so viele des negativen niedergeschlagen. Ist nun die Wärme, welche ein Aequivalent des positiven Metalls bei seiner Oxydation und Lösung des Oxyds in der betreffenden Säure entwickelt, a_z, und die gleiche für das negative a_c, so würde die chemisch zu entwickelnde Wärme sein

$$= nJt(a_z - a_c).$$

Die chemische würde also der electrischen gleich sein, wenn

$$A = a_z - a_c,$$

d. h. wenn die electromotorischen Kräfte zweier so combinirten Metalle dem Unterschied der bei ihrer Verbrennung und Verbindung mit Säuren zu entwickelnden Wärme proportional wären.

In den nach Art der *Grove*'schen Kette gebauten Elementen wird die Polarisation dadurch aufgehoben, dass der auszuschei-

dende Wasserstoff sogleich zur Reduction der sauerstoffreichen
Bestandtheile der Flüssigkeit verbraucht wird, welche das negative Metall umgiebt. Es sind dahin zu rechnen die *Grove*'schen
und *Bunsen*'schen Elemente: amalgamirtes Zink, verdünnte
Schwefelsäure, rauchende Salpetersäure, Platin oder Kohle;
ferner die mit Chromsäure gebauten constanten Ketten, unter
denen genaueren Messungen unterworfen sind: amalgamirtes
Zink, verdünnte Schwefelsäure, Lösung von saurem chromsaurem
Kali mit Schwefelsäure, Kupfer oder Platin. Die chemischen
Processe sind in den beiden mit Salpetersäure gebauten Ketten
gleich, eben so die in den beiden genannten mit Chromsäure;
daraus würde gemäss der eben gemachten Deduction folgen,
dass auch die electromotorischen Kräfte gleich seien, [51] und
das ist in der That nach den Messungen von *Poggendorf**) sehr
genau der Fall. Die mit Kohle gebaute Chromsäure-Kette ist
sehr inconstant, und hat eine beträchtlich höhere electromotorische Kraft, wenigstens im Anfang; dieselbe ist deshalb hier
nicht herzurechnen, sondern zu den Ketten mit Polarisation. Bei
diesen constanten Ketten ist also die electromotorische Kraft
unabhängig von dem negativen Metall; wir können sie uns auf
den Typus der *Daniel*'schen Kette zurückbringen, wenn wir als
den letzten die Flüssigkeit unmittelbar berührenden Leiter erster
Klasse die dem Platin zunächst liegenden Theilchen von salpetriger Säure und Chromoxyd ansehen, so dass wir die *Grove*-
schen und *Bunsen*'schen Elemente als Ketten zwischen Zink und
salpetriger Säure, die mit Chromsäure gebauten als Zink-Chrom-
oxydketten erklären würden.

Unter den Ketten mit Polarisation können wir solche unterscheiden, welche blos Polarisation und keine chemische Zersetzung hervorbringen, und solche welche beides bewirken. Zu
den ersteren, welche einen inconstanten meist bald verschwin-
denden Strom geben, gehören unter den einfachen Ketten die
von *Faraday***) mit Lösung von Aetzkali, Schwefelkalium, salpetriger Säure gebildeten Combinationen, ferner die der stärker
negativen Metalle in den gewöhnlichen Säuren, wenn das posi-
tivere derselben die Säure nicht mehr zu zersetzen vermag, z. B.
Kupfer mit Silber, Gold, Platin, Kohle in Schwefelsäure u. s. w.;
von den zusammengesetzten alle mit eingeschalteten [52] Zer-

---

*) *Poggd.* Ann. LIV 429 und LVII 104.
**) Experimentaluntersuchungen über Electricität. 16te Reihe.
Philos. Transact. 1840 p. I. u. *Poggd.* Ann. LII S. 163 u. 547.

setzungszellen, deren Polarisation die electromotorische Kraft der anderen Elemente überwiegt. Scharfe messende Versuche haben über die Intensitäten dieser Ketten bis jetzt wegen der grossen Veränderlichkeit des Stroms nicht gemacht werden können. Im Allgemeinen scheint die Intensität ihrer Ströme von der Natur der eingetauchten Metalle abzuhängen, ihre Dauer wächst mit der Grösse der Oberflächen und mit der Abschwächung der Stromintensität; aufgefrischt können sie werden, auch wenn sie fast ganz verschwunden sind, durch Bewegungen der Platten in der Flüssigkeit und durch Berührung derselben mit der Luft, wodurch die Polarisation der Wasserstoffplatte aufgehoben wird. Von solchen Einwirkungen mag auch wohl der geringe, nicht aufhörende Rest des Stromes herrühren, den feinere galvanometrische Instrumente immer anzugeben pflegen. Der ganze Vorgang ist also eine Herstellung des electrischen Gleichgewichts der Flüssigkeitstheilchen mit den Metallen; dabei scheinen sich einmal die Flüssigkeitstheilchen anders zu ordnen, und dann, wenigstens in vielen Fällen*), auch chemische Umänderungen der oberflächlichen Metallschichten zu entstehen. Bei den zusammengesetzten Ketten, wo die Polarisation ursprünglich gleicher Platten die Wirkung des Stroms anderer Elemente ist, können wir die dabei verlorene Kraft des ursprünglichen Stroms als secundären Strom wiedergewinnen, nachdem wir die erregenden Elemente entfernt, und die Metalle der polarisirten unter sich geschlossen haben. Um das Princip von der Erhaltung der Kraft hier näher anzuwenden, fehlen uns bis jetzt noch alle speciellen Thatsachen.

[53] Den verwickeltsten Fall bilden diejenigen Ketten, in welchen Polarisation und chemische Zersetzung neben einander vor sich gehen; dazu gehören die Ketten mit Gasentwicklung. Der Strom derselben ist, wie der der blossen Polarisationsketten, zu Anfang am stärksten, und sinkt schneller oder langsamer auf eine ziemlich constant bleibende Grösse. Bei einzelnen Elementen dieser Art, oder Ketten, welche nur aus solchen zusammengesetzt sind, hört der Polarisationsstrom nur äusserst langsam auf; leichter gelingt es dagegen, schnell constante Ströme zu erhalten, bei Combination von constanten Ketten mit einzelnen inconstanten, namentlich, wenn die Platten der letzteren verhältnissmässig klein sind. Bisher sind aber an solchen Zusammenstellungen nur wenige Messungsreihen gemacht worden; aus den

---

*) S. *Ohm* in *Poggd.* Ann. LXIII 389.

40   Dr. H. Helmholtz.

wenigen, welche ich aufgefunden habe, von *Lenz**)* und *Poggendorf***), geht hervor, dass die Intensitäten solcher Ketten bei verschiedenen Drahtwiderständen nicht durch die einfache *Ohm*-sche Formel gegeben werden können, sondern wenn man die Constanten derselben bei geringen Intensitäten berechnet, werden die Ergebnisse der Rechnung für höhere Intensitäten zu gross. Man muss deshalb den Zähler oder den Nenner derselben, oder beide als Functionen der Intensität betrachten; die bisher bekannten Thatsachen liefern uns keine Entscheidung dafür, welcher von diesen Fällen eigentlich stattfinde.

Suchen wir das Princip von der Erhaltung der Kraft auf diese Ströme anzuwenden, so müssen wir dieselben in zwei Theile theilen, in den inconstanten oder Polarisationsstrom, [54] über den dasselbe gilt, was wir über die reinen Polarisationsströme gesagt haben, und in den constanten oder Zersetzungsstrom. Auf den letzteren ist dieselbe Betrachtungsweise anwendbar, wie für die constanten Ströme ohne Gasentwicklung. Die durch den Strom erzeugte Wärme muss gleich sein der durch den chemischen Process zu erzeugenden. Ist z. B. in einer Combination von Zink und einem negativen Metalle in verdünnter Schwefelsäure die Wärmeentbindung eines Atoms Zink bei seiner Auflösung und der Austreibung des Wasserstoffs $a_z - a_h$, so ist die in der Zeit dt zu erzeugende Wärme

$$J(a_z - a_h)dt.$$

Wäre nun die Wärmeentwicklung in allen Theilen einer solchen Kette proportional dem Quadrate der Intensität, also $J^2 Wdt$, so hätten wir wie oben

$$J = \frac{a_z - a_h}{W},$$

also die einfache *Ohm*'sche Formel. Da diese aber ihre Anwendung hier nicht findet, so folgt, dass es Querschnitte in der Kette giebt, in denen die Wärmeentwicklung einem andern Gesetze folgt, deren Widerstand also nicht als constant zu setzen ist. Ist z. B. die Entbindung von Wärme in irgend einem Querschnitt direct proportional der Intensität, wie es unter andern die durch Aenderung der Aggregatzustände gebundene Wärme sein muss, also $\vartheta = \mu Jdt$, so ist

---

*) *Poggd.* Ann. LIX 229.
**) Ann. LXVII 531.

$$J(a_z - a_h) = J^2 w + J\mu$$

$$J = \frac{a_z - a_h - \mu}{w}.$$

Die Grösse μ würde also mit in dem Zähler der *Ohm*'schen [55] Formel erscheinen. Der Widerstand eines solchen Querschnitts würde sein $w = \frac{\vartheta}{J^2} = \frac{\mu}{J}$. Ist nun aber die Wärmeentwickelung desselben nicht genau proportional der Intensität, also die Grösse μ nicht ganz constant, sondern mit der Intensität steigend, so erhalten wir den Fall, welcher den Beobachtungen von *Lenz* und *Poggendorf* entspricht.

Als electromotorische Kraft einer solchen Kette würde nach Analogie der constanten Ketten, sobald der Polarisationsstrom aufgehört hat, die zwischen Zink und Wasserstoff zu bezeichnen sein. In der Ausdrucksweise der Contacttheorie wäre es die zwischen Zink und dem negativen Metall, vermindert um die Polarisation des letztern in Wasserstoff. Wir müssen dann nur dieses Maximum der Polarisation für unabhängig von der Intensität des Stroms ansehen, und für verschiedene Metalle um eben so viel verschieden, als es die electromotorischen Kräfte dieser Metalle sind. Der Zähler der *Ohm*'schen Formel, berechnet aus Intensitätsmessungen bei verschiedenen Widerständen, kann aber ausser der electromotorischen Kraft einen Summanden enthalten, welcher von dem Uebergangswiderstande herrührt, und welcher bei verschiedenen Metallen vielleicht verschieden ist. Dass ein Uebergangswiderstand existire, folgt nach dem Princip von der Erhaltung der Kraft aus der Thatsache, dass die Intensitäten dieser Ketten nicht nach dem *Ohm*'schen Gesetz zu berechnen sind, da doch die chemischen Processe dieselben bleiben. Dafür, dass in Ketten, wo die Polarisationsströme aufgehört haben, der Zähler der *Ohm*'schen Formel von der Natur des negativen Metalls abhänge, habe ich noch keine sicheren [56] Beobachtungen auffinden können. Um die Polarisationsströme schnell zu beseitigen ist es hierbei nöthig, die Dichtigkeit des Stroms an der polarisirten Platte möglichst zu erhöhen theils durch Einfügung von Zellen mit constanter electromotorischer Kraft, theils durch Verkleinerung der Oberfläche dieser Platte. In den hierher gehörenden Versuchen von *Lenz* und *Saweljew*[*]) ist

*) Bull. de la classe phys. math. de l'acad. d. scienc. de St. Pétersbourg. T. V. p. 1 und *Poggd.* Ann. LVII 497.

nach ihrer eigenen Angabe die Constanz der Ströme nicht er-
reicht worden, die von ihnen berechneten electromotorischen
Kräfte enthalten demnach noch die der Polarisationsströme. Sie
fanden für Zink Kupfer in Schwefelsäure 0,51, für Zink Eisen
0,76, für Zink Quecksilber 0,90.

Schliesslich bemerke ich noch, dass ein Versuch, die Gleichheit der auf chemischem und electrischem Wege entwickelten
Wärme experimentell nachzuweisen, gemacht ist von *Joule*[*]).
Doch ist gegen seine Messungsmethoden mancherlei einzuwen-
den. Er setzt z. B. für die Tangentenbussole das Gesetz der
Tangenten als richtig voraus bis in die höchsten Grade hinein,
hat keine constanten Ströme, sondern berechnet deren Intensität
nur nach dem Mittel der Anfangs- und Endablenkung, setzt
electromotorische Kraft und Widerstand von Zellen mit Gasentwicklung als constant voraus. Auf die Abweichung seiner
quantitativen Wärmebestimmungen von anderweitig gefundenen
Zahlen hat *Hess* schon aufmerksam gemacht. Dasselbe Gesetz
will *E. Becquerel* empirisch bestätigt gefunden haben nach einer
Anzeige desselben in den *Comptes rendues* (1843. No. 16).

[57] Wir haben oben uns genöthigt gesehen, den Begriff der
Contactkraft zurückzuführen auf einfache Anziehungs- und Ab-
stossungskräfte, um denselben mit unserem Princip in Uebereinstimmung zu bringen. Versuchen wir nun auch, die electrischen Bewegungen zwischen Metallen und Flüssigkeiten darauf
zurückzuführen. Denken wir uns die Theile des zusammengesetzten Atoms einer Flüssigkeit mit verschiedenen Anziehungs-
kräften gegen die Electricitäten begabt, und demgemäss verschieden electrisch. Scheiden diese Atomtheile an den metallischen
Electroden aus, so giebt jedes Atom nach dem electrolytischen
Gesetz eine von seinen electromotorischen Kräften unabhängige
Menge $\pm E$ an dieselben ab. Wir können uns deshalb vorstellen, dass auch in der chemischen Verbindung schon die Atome
mit Aequivalenten $\pm E$ verbunden sind, welche für alle ebenso
gleich sind, wie die stöchiometrischen Aequivalente der wäg-
baren Stoffe in verschiedenen Verbindungen. Tauchen nun zwei
verschiedene electrische Metalle in eine Flüssigkeit ein, ohne
dass ein chemischer Process stattfindet, so werden die positiven
Bestandtheile derselben von dem negativen Metall, die negativen
vom positiven angezogen. Der Erfolg wird also eine veränderte
Richtung und Vertheilung der verschieden electrischen Flüssig-

[*] Philos. Magaz. 1841. vol. XIX S. 275 u. 1843 XX S. 204.

keitstheilchen sein, deren Eintreten wir als Polarisationsstrom
wahrnehmen. Die bewegende Kraft dieses Stromes würde die
electrische Differenz der Metalle sein, ihr müsste deshalb auch
seine anfängliche Intensität proportional sein; seine Dauer muss
bei gleicher Intensität der Menge der an den Platten anzulagern-
den Atome, also ihrer Oberfläche proportional sein. Bei den
mit chemischer Zersetzung verbundenen Strömen kommt es dagegen nicht zu einem dauernden [**58**] Gleichgewicht der Flüssigkeitstheilchen mit den Metallen, weil die positiv geladene Oberfläche des positiven Metalls fortdauernd entfernt wird, dadurch
dass sie selbst zum Bestandtheil der Flüssigkeit wird, also eine
stete Erneuerung der Ladung hinter ihr stattfinden muss. Durch
jedes Atom des positiven Metalls, welches mit einem Aequivalent
positiver Electricität vereinigt in die Lösung eintritt, wofür ein
Atom des negativen Bestandtheils neutral electrisch ausscheidet,
wird eine Beschleunigung der einmal begonnenen Bewegung hervorgerufen, sobald die Quantität der Anziehungskraft des ersteren Atoms zur $+ E$, bezeichnet durch a_z, grösser ist als die
des letzteren a_c. Die Bewegung würde dadurch in das Unbegrenzte an Geschwindigkeit zunehmen, wenn nicht auch zugleich
der Verlust an lebendiger Kraft durch Wärmeentwicklung wüchse.
Sie wird deshalb nur wachsen bis dieser Verlust, $J^2 W dt$, gleich
ist dem Verbrauch an Spannkraft $J(a_z — a_c) dt$ oder bis

$$J = \frac{a_z — a_c}{W}.$$

Ich glaube, dass in dieser Unterscheidung der galvanischen
Ströme in solche, welche Polarisation, und in solche, welche
Zersetzung hervorbringen, wie sie durch das Princip von der
Erhaltung der Kraft bedingt wird, der einzige Ausweg zu finden
sein möchte, um gleichzeitig die Schwierigkeiten der chemischen
und der Contacttheorie zu umgehen.

Thermoelectrische Ströme. Bei diesen Strömen müssen
wir die Quelle der Kraft in den von *Peltier* gefundenen Wirkungen auf die Löthstellen suchen, welche einen dem gegebenen
Strom entgegengesetzten erzeugen würden.

[**59**] Denken wir uns einen hydroelectrischen constanten
Strom, in dessen Leitungsdraht ein Stück eines andern Metalls
eingelöthet ist, dessen Löthstellen die Temperaturen t' und t''
haben, so wird der electrische Strom während des Zeittheilchens
dt in der ganzen Leitung die Wärme $J^2 W dt$ erzeugen, ausserdem in der einen Löthstelle $q_t dt$ entwickeln, in der andern $q_u dt$

verschlucken. Ist A die electromotorische Kraft der hydroelectrischen Kette, also $AJdt$ die chemisch zu erzeugende Wärme,
so folgt aus dem Gesetz von der Erhaltung der Kraft

$$AJ = J^2 W + q_{\prime} - q_{\prime\prime} \qquad 1)$$

Ist B_t die electromotorische Kraft der Thermokette, wenn eine
der Löthstellen die Temperatur t und die andere irgend eine
constante Temperatur z. B. 0° hat, so ist für die ganze Kette

$$J = \frac{A - B_{t_{\prime}} + B_{t_{\prime\prime}}}{W}. \qquad 2)$$

Für $t_{\prime} = t_{\prime\prime}$ wird

$$J = \frac{A}{W}.$$

Dies in die Gleichung 1) gesetzt giebt

$$q_{\prime} = q_{\prime\prime}$$

d. h. bei gleicher Temperatur der Löthstellen derselben Metalle
und gleicher Intensität des Stroms müssen die entwickelten und
verschluckten Wärmemengen gleich sein, unabhängig vom Querschnitt. Dürfen wir annehmen, dass dieser Vorgang in jedem
Punkte des Querschnitts derselbe ist, so folgt, dass die in gleichen Flächenräumen verschiedener Querschnitte durch denselben
Strom entwickelten Wärmemengen sich wie die Dichtigkeiten des
Stroms verhalten, [60] und daraus wieder, dass die durch verschiedene Ströme in den ganzen Querschnitten entwickelten sich
direct wie die Intensitäten der Ströme verhalten.

Sind die Löthstellen von verschiedener Temperatur, so folgt
aus den Gleichungen 1) und 2)

$$(B_{t_{\prime}} - B_{t_{\prime\prime}})J = q_{\prime} - q_{\prime\prime}$$

dass also bei gleichen Stromintensitäten die Wärme entwickelnde
und bindende Kraft in demselben Maasse mit der Temperatur
steigt, als die electromotorische.

Für beide Folgerungen sind mir bis jetzt noch keine messen-
den Versuche bekannt.

VI.

Kraftäquivalent des Magnetismus und Electromagnetismus.

Magnetismus. Ein Magnet ist vermöge seiner anziehenden und abstossenden Kräfte gegen andere Magnete und unmag-
netisches Eisen fähig, eine gewisse lebendige Kraft zu erzeugen.

Da die Anziehungserscheinungen von Magneten vollständig herzuleiten sind aus der Annahme zweier Fluida, welche sich umgekehrt wie die Quadrate der Entfernung anziehen und abstossen,
so folgt hieraus allein schon nach der im Anfang unserer Abhandlung gegebenen Herleitung, dass die Erhaltung der Kraft
bei der Bewegung magnetischer Körper gegen einander stattfinden müsse. Der folgenden Theorie der Induction wegen müssen
wir auf die Gesetze dieser Bewegungen etwas näher eingehen.

[61] 1) Sind $m_{,}$ und $m_{,,}$ zwei magnetische Massenelemente,
deren Einheit diejenige ist, welche eine gleiche in der Entfernung $= 1$ mit der Kraft $= 1$ abstösst, werden entgegengesetzte
Magnetismen mit entgegengesetzten Vorzeichen der Massen bezeichnet, und ist r die Entfernung zwischen $m_{,}$ und $m_{,,}$, so ist
die Intensität ihrer Centralkraft

$$\varphi = -\frac{m_{,}m_{,,}}{r^2}.$$

Der Gewinn an lebendiger Kraft beim Uebergange aus unendlicher Entfernung in die r ist $-\dfrac{m_{,}m_{,,}}{r}$.

2) Bezeichnen wir diese Grösse als Potential der beiden Elemente, und übertragen wir die Benennung Potential auf magnetische Körper wie bei den Electricitäten, so erhalten wir den
Gewinn an lebendiger Kraft bei der Bewegung zweier Körper,
deren Magnetismus sich nicht ändert, also von Stahlmagneten,
wenn wir von dem Werth des Potentials am Ende der Bewegung
den zu Anfang der Bewegung abziehen. Dagegen wird wie bei
den Electricitäten der Gewinn an lebendiger Kraft bei der Bewegung magnetischer Körper, deren Vertheilung sich ändert,
gemessen durch die Veränderungen der Summe

$$V + \tfrac{1}{2}(W_a + W_b),$$

wo V das Potential der Körper gegen einander, W_a und W_b
das derselben auf sich selbst ist. Ist der Körper B ein unver-
änderlicher Stahlmagnet, so erzeugt die Annäherung eines Körpers von veränderlichem Magnetismus eine lebendige Kraft,
gleich der Zunahme der Summe $V + \tfrac{1}{2}W_a$.

3) Es ist bekannt, dass die Wirkungen eines Magneten nach
aussen stets durch eine gewisse Vertheilung der magnetischen
[62] Fluida an seiner Oberfläche ersetzt werden können. Wir
können also statt der Potentiale der Magneten die Potentiale
solcher Oberflächen setzen. Dann finden/wir wie bei den leiten-
den electrischen Oberflächen für ein vollkommen weiches Eisen

A, welches durch Vertheilung von einem Magneten B magnetisirt ist, den Gewinn C an lebendiger Kraft für die Einheit der
Quantität des als positiv bezeichneten Magnetismus bei dem
Uebergange von der Oberfläche des Eisens in unendliche Entfernung gegeben durch die Gleichung

$$- QC = V + W_a.$$

Da nun jeder Magnet so viel nördlichen wie südlichen Magnetismus enthält, also Q in jedem gleich 0 ist, so folgt für ein
solches Eisenstück, oder für ein Stahlstück von derselben Form,
Lage und Vertheilung des Magnetismus, dessen Magnetismus
also vollständig durch den Magneten B gebunden ist, dass

$$V = - W_a.$$

4) V ist aber die lebendige Kraft, welche der Stahlmagnet
bei seiner Annäherung bis zur Bindung seiner Magnetismen erzeugt; sie muss nach dieser Gleichung dieselbe sein, an welchen
Magneten er sich auch annähern möge, sobald es nur bis zur
vollständigen Bindung kommt, weil W_a immer dasselbe bleibt.
Dagegen ist die lebendige Kraft eines gleichen Eisenstücks, welches bis zu derselben Vertheilung des Magnetismus genähert
wird, wie oben gezeigt ist

$$V + \tfrac{1}{2} W = - \tfrac{1}{2} W,$$

also nur halb so gross als die des schon magnetisirten Stückes;
zu bedenken ist, dass W an sich negativ ist, also $- \tfrac{1}{2} W$ stets
positiv.

[63] Wird ein Stahlstück dem vertheilenden Magneten un-
magnetisch genähert, und behält es beim Entfernen den erlang-
ten Magnetismus, so wird dabei $- \tfrac{1}{2} W$ an mechanischer Arbeit
verloren, dafür ist der nunmehrige Magnet auch im Stande $- \tfrac{1}{2} W$
Arbeit mehr zu leisten, als es das Stahlstück vorher konnte.

Electromagnetismus. Die electrodynamischen Erscheinungen sind zurückgeführt worden von *Ampère* auf anziehende
und abstossende Kräfte der Stromelemente, deren Intensität von
der Geschwindigkeit und Richtung der Ströme abhängt. Seine
Herleitung umfasst aber die Inductionserscheinungen nicht.
Letztere sind dagegen zugleich mit den electrodynamischen von
W. Weber zurückgeführt worden auf anziehende und abstossende Kräfte der electrischen Fluida selbst, deren Intensität abhängt von der Näherungs- oder Entfernungsgeschwindigkeit
und der Zunahme derselben. Für jetzt ist noch keine Hypothese
aufgefunden worden, vermöge deren man diese Erscheinungen
auf constante Centralkräfte zurückführen könnte. Die Gesetze

der inducirten Ströme sind von *Neumann**) entwickelt worden,
indem er die experimentell für ganze Ströme gefundenen Gesetze von *Lenz* auf die kleinsten Theilchen derselben übertrug,
und dieselben stimmen bei geschlossenen Strömen mit den Ent-
wicklungen von *Weber* überein. Ebenso stimmen die Gesetze
von *Ampère* und *Weber* für die electrodynamischen Wirkungen
geschlossener Ströme mit der Herleitung derselben aus Rotations-
kräften von *Grassmann***). Weiter giebt uns auch die Erfahrung keine Aufschlüsse, [64] weil bis jetzt nur mit geschlossenen
oder beinahe geschlossenen Strömen experimentirt worden ist.
Wir wollen deshalb auch unser Princip nur auf geschlossene
Ströme anwenden, und zeigen, dass daraus dieselben Gesetze
herfolgen.

Es ist schon von *Ampère* gezeigt worden, dass die electrodynamischen Wirkungen eines geschlossenen Stroms stets ersetzt
werden können durch eine gewisse Vertheilung der magnetischen
Fluida an einer beliebigen von dem Strom begrenzten Fläche.
Neumann hat daher den Begriff des Potentials auf die geschlossenen Ströme übertragen, indem er dafür das Potential einer
solchen Fläche setzt.

5) Bewegt sich ein Magnet unter dem Einfluss eines Stroms,
so muss die lebendige Kraft, die er dabei gewinnt, geliefert werden aus den Spannkräften, welche in dem Strome verbraucht
werden. Diese sind während des Zeittheilchens dt nach der
schon oben gebrauchten Bezeichnungsweise $A\,J\,dt$ in Wärme-
einheiten, oder $a\,A\,J\,dt$ in mechanischen, wenn a das mechanische
Aequivalent der Wärmeeinheit ist. Die in der Strombahn erzeugte lebendige Kraft ist $a\,J^2\,W\,dt$, die vom Magneten gewonnene
$J\dfrac{dV}{dt}\,dt$, wo V sein Potential gegen den von der Stromeinheit
durchlaufenen Leiter ist. Also

$$a\,A\,J\,dt = a\,J^2\,W\,dt + J\frac{dV}{dt}\,dt,$$

folglich
$$J = \frac{A - \dfrac{1}{a}\dfrac{dV}{dt}}{W}.$$

Wir können die Grösse $\dfrac{1}{a}\dfrac{dV}{dt}$ als eine neue [65] electromoto-

---

*) *Poggd.* Ann. LXVII 31.
**) Ann. LXIV 1.

rische Kraft bezeichnen, als die des Inductionsstromes. Sie wirkt
stets der entgegen, welche den Magneten in der Richtung, die
er hat, bewegen, oder seine Geschwindigkeit vermehren würde.
Da diese Kraft unabhängig ist von der Intensität des Stroms,
muss sie auch dieselbe bleiben, wenn vor der Bewegung des
Magneten gar kein Strom vorhanden war.

Ist die Intensität wechselnd, so ist der ganze während einer
gewissen Zeit inducirte Strom

$$\int J dt = - \frac{1}{a W} \int \frac{dV}{dt} dt = \frac{1}{a} \frac{(V_{,} - V_{,,})}{W}$$

wo $V_{,}$ das Potential zu Anfang und $V_{,,}$ zu Ende der Bewegung
bedeutet. Kommt der Magnet aus sehr grosser Entfernung, so ist

$$\int J dt = - \frac{\frac{1}{a} V_{,,}}{W}$$

unabhängig von dem Wege und der Geschwindigkeit des Magneten.

Wir können das Gesetz so aussprechen: Die gesammte electromotorische Kraft des Inductionsstroms, den eine Lagenände-
rung eines Magneten gegen einen geschlossenen Stromleiter her-
vorbringt, ist gleich der Veränderung, die dabei in dem Potentiale des Magneten gegen den Leiter vor sich geht, wenn letzterer
von dem Strome $- \frac{1}{a}$ durchflossen gedacht wird. Einheit der
electromotorischen Kraft ist dabei die, durch welche die will-
kürliche Stromeinheit in der Widerstandseinheit hervorgebracht
wird. Letztere aber diejenige, in welcher jene Stromeinheit in
der Zeiteinheit die Wärmeeinheit entwickelt. Dasselbe Gesetz
bei [66] *Neumann* l. c. §. 9., nur hat er statt $\frac{1}{a}$ eine unbestimmte
Constante ε.

6) Bewegt sich ein Magnet unter dem Einfluss eines Leiters,
gegen den sein Potential bei der Stromeinheit φ sei, und eines
durch diesen Leiter magnetisirten Eisenstücks, gegen welches
sein Potential für den durch die Stromeinheit erregten Magnetismus χ sei, so ist wie vorher

$$a A J = a J^2 W + J \frac{d\varphi}{dt} + J \frac{d\chi}{dt},$$

also

$$J = \frac{A - \frac{1}{a}\left(\frac{d\varphi}{dt} + \frac{d\chi}{dt}\right)}{W}.$$

Die electromotorische Kraft des Inductionsstroms, welcher von der Anwesenheit des Eisenstücks herrührt, ist also

$$-\frac{1}{a}\frac{d\chi}{dt}.$$

Wird in dem Electromagneten durch den Strom n dieselbe Vertheilung des Magnetismus hervorgerufen, wie durch den genäherten Magneten, so muss nach dem in No. 4 gesagten das Potential desselben gegen den Magneten, $n\chi$, gleich sein seinem Potential gegen den Leitungsdraht nV, wenn V dasselbe für die Stromeinheit bedeutet. Es ist also $\chi = V$. Wird also ein Inductionsstrom hervorgerufen, dadurch dass das Eisenstück durch Vertheilung von dem Magneten magnetisirt wird, so ist die electromotorische Kraft $-\frac{1}{a}\frac{d\chi}{dt} = -\frac{1}{a}\frac{dV}{dt}$, und wie in No. 7 der Gesammtstrom

[67]

$$\int J dt = \frac{\frac{1}{a}(V_{,} - V_{,,})}{W},$$

wo $V_{,}$ und $V_{,,}$ die Potentiale des magnetisirten Eisens gegen den Leitungsdraht vor und nach der Magnetisirung sind. — *Neumann* folgert dies Gesetz aus der Analogie mit dem vorigen Falle.

7) Wird ein Electromagnet unter dem Einfluss eines Stromes magnetisch, so geht durch den Inductionsstrom Wärme verloren; ist das Eisenstück weich, so wird bei der Oeffnung derselbe Inductionsstrom in entgegengesetzter Richtung gehen, und die Wärme wieder gewonnen. Ist es ein Stahlstück, welches seinen Magnetismus behält, so bleibt jene Wärme verloren, und an ihrer Stelle gewinnen wir magnetische Arbeitskraft, gleich dem halben Potential jenes Magneten bei vollständiger Bindung wie in No. 4 gezeigt ist. Aus der Analogie der vorigen Fälle möchte es indessen nicht unwahrscheinlich sein, dass die electromotorische Kraft seinem ganzen Potential entspricht, wie *Neumann* den gleichen Schluss macht, und dass ein Theil der Bewegung der magnetischen Fluida wegen der Schnelligkeit derselben als Wärme verloren geht, welche hierbei in dem Magneten gewonnen wird.

8) Werden zwei geschlossene Stromleiter gegen einander bewegt, so kann die Intensität des Stroms in beiden verändert werden. Ist V ihr Potential für die Stromeinheit gegen einander, so muss wie in den vorigen Fällen und aus denselben Gründen sein

$$A_{,}J_{,} + A_{,,}J_{,,} = J_{,}^{2}W_{,} + J_{,,}^{2}W_{,,} + \frac{1}{a}J_{,}J_{,,}\frac{dV}{dt}.$$

Ist nun die Stromintensität in dem einen Leiter $W_{,,}$ sehr [68] viel geringer als in dem andern $W_{,}$, so dass die electromotorische Inductionskraft, welche von $W_{,,}$ in $W_{,}$ erregt wird, gegen die Kraft $A_{,}$ verschwindet, und wir $J = \frac{A_{,}}{W_{,}}$ setzen können, so erhalten wir aus der Gleichung

$$J_{,,} = \frac{A_{,,} - \frac{1}{a}J_{,}\frac{dV}{dt}}{W_{,,}}.$$

Die electromotorische Inductionskraft ist also dieselbe, welche ein Magnet erzeugen würde, der dieselbe electrodynamische Kraft hat als der inducirende Strom. Dieses Gesetz hat W. *Weber*[*]) experimentell erwiesen.

Ist dagegen die Intensität in $W_{,}$ verschwindend klein gegen die in $W_{,,}$, so findet sich

$$J_{,} = \frac{A_{,} - \frac{1}{a}J_{,,}\frac{dV}{dt}}{W_{,}}.$$

Die electromotorischen Kräfte der Leiter aufeinander sind sich also gleich, wenn die Stromintensitäten gleich sind, wie auch die Form der Leiter sein mag.

Die gesammte Inductionskraft, welche während einer gewissen Bewegung der Leiter gegen einander ein Strom liefert, der selbst durch die Induction nicht verändert wird, ist hiernach wieder gleich der Aenderung in dem Potentiale desselben gegen den andern von $-\frac{1}{a}$ durchflossenen Leiter. In dieser Form erschliesst *Neumann* das Gesetz aus der Analogie der magnetischen und electrodynamischen Kräfte l. c. §. 10, und dehnt es auch auf den Fall aus, wo die [69] Induction in ruhenden Leitern durch Verstärkung oder Schwächung der Ströme hervorgebracht

---

[*]) Electrodynamische Maassbestimmungen. S. 71—75.

wird. *W. Weber* zeigt die Uebereinstimmung seiner Annahme
für die electrodynamischen Kräfte mit diesen Theoremen l. c.
S. 147—153. Aus dem Gesetz von der Erhaltung der Kräfte
ist für diesen Fall keine Bestimmung zu entnehmen; nur muss
durch Rückwirkung des inducirten Stroms auf den inducirenden
eine Schwächung des letzteren eintreten, welche einem ebenso
grossen Wärmeverlust entspricht, als in dem inducirten Strome
gewonnen wird. Dasselbe Verhältniss muss bei der Wirkung
des Stroms auf sich selbst zwischen der anfänglichen Schwächung und dem Extracurrent stattfinden. Indessen lassen sich ·
hieraus keine weiteren Folgerungen ziehen, weil die Form des
Ansteigens der Ströme nicht bekannt ist, und ausserdem das
Ohm'sche Gesetz nicht unmittelbar anwendbar ist, da diese
Ströme wohl nicht gleichzeitig die ganze Ausdehnung der Leitung einnehmen möchten.

Es bleiben uns von den bekannten Naturprocessen noch die
der organischen Wesen übrig. In den Pflanzen sind die Vorgänge hauptsächlich chemische, und ausserdem findet, wenigstens in einzelnen, eine geringe Wärmeentwicklung statt. Vor-
nehmlich wird in ihnen eine mächtige Quantität chemischer
Spannkräfte deponirt, deren Aequivalent uns als Wärme bei der
Verbrennung der Pflanzensubstanzen geliefert wird. Die einzige
lebendige Kraft, welche dafür nach unseren bisherigen Kennt-
nissen während des Wachsthums der Pflanzen absorbirt wird,
sind die chemischen Strahlen des Sonnenlichts. Es fehlen uns
indessen noch alle Angaben zur näheren Vergleichung der [70]
Kraftäquivalente, welche hierbei verloren gehen, und gewonnen
werden. Für die Thiere haben wir schon einige nähere Anhalt-
punkte. Dieselben nehmen die complicirten oxydablen Verbindungen, welche von den Pflanzen erzeugt werden, und Sauer-
stoff in sich auf, geben dieselben meist verbrannt, als Kohlen-
säure und Wasser, theils auf einfachere Verbindungen reducirt
wieder von sich, verbrauchen also eine gewisse Quantität chemischer Spannkräfte, und erzeugen dafür Wärme und mechanische
Kräfte. Da die letzteren eine verhältnissmässig geringe Arbeitsgrösse darstellen gegen die Quantität der Wärme, so reducirt
sich die Frage nach der Erhaltung der Kraft ungefähr auf die,
ob die Verbrennung und Umsetzung der zur Nahrung dienenden
Stoffe eine gleiche Wärmequantität erzeuge, als die Thiere

abgeben. Diese Frage kann nach den Versuchen von *Dulong* und *Despretz* wenigstens annähernd bejaht werden*).

Schliesslich muss ich noch einiger Bemerkungen von *Matteucci* gegen die hier durchgeführte Betrachtungsweise erwähnen, welche sich in der Biblioth. univ. de Genève Suppl. No. 16. 1847. 15. Mai. S. 375 finden. Derselbe geht aus von dem Satze, dass nach derselben ein chemischer Process nicht soviel Wärme erzeugen könne, wenn er Electricität, Magnetismus oder Licht zugleich entwickelt, als wenn dies nicht der Fall sei. Er führt dagegen an, dass, wie er durch eine Reihe von Messungen zu zeigen sich bemüht, Zink bei seiner Auflösung in Schwefelsäure [71] ebenso viel Wärme erzeugt, wenn dieselbe unmittelbar durch die chemische Verwandtschaft geschieht, als wenn es mit Platin eine Kette bildet, und dass ein electrischer Strom, der einen Magneten in Ablenkung erhält, ebenso viel chemische und thermische Wirkungen erzeuge als ohne diese Ablenkung. Dass *Matteucci* diese Thatsachen als Einwürfe betrachtet, rührt von einem vollständigen Missverstehen der Ansicht her, welche er widerlegen will, wie sich aus einem Vergleich mit unserer Darstellung dieser Verhältnisse sogleich ergiebt. Dann führt er zwei calorimetrische Versuche an über die Wärme, welche bei der Verbindung von Aetzbaryt mit concentrirter oder verdünnter Schwefelsäure sich entwickelt, und über die, welche in einem Drahte in Gasen von verschiedenem Abkühlungsvermögen durch denselben electrischen Strom erzeugt wird, wobei jene Masse und der Draht bald glühend werden, bald nicht. Er findet diese Wärmemengen im ersteren Fall nicht kleiner als im letzteren. Wenn man aber die Unvollkommenheit unserer calorimetrischen Vorrichtungen bedenkt, so kann es nicht auffallen, dass Unterschiede der Abkühlung durch Strahlung nicht bemerkt werden, welche davon herrühren könnten, dass diese Strahlung je nach der leuchtenden oder nicht leuchtenden Natur derselben die umgebenden diathermanen Mittel leichter oder schwerer durchdringt. In dem ersteren Versuche von *Matteucci* geschieht die Vereinigung des Baryts mit der Schwefelsäure noch dazu in einem nicht diathermanen Gefässe von Blei, wo die leuchtenden Strahlen gar nicht einmal herausdringen können. Die Unvoll-

---

*) Näher eingegangen bin ich auf diese Frage in dem Encycl. Wörterbuch der medicinischen Wissenschaften. Art. „Wärme", und in den Fortschritten der Physik im Jahre 1845, dargestellt von der physikalischen Gesellschaft zu Berlin. S. 346.

kommenheiten von *Matteucci's* Methoden bei diesen Messungen
können wir daher wohl unerwähnt lassen.

Ich glaube durch das Angeführte bewiesen zu haben, dass
das besprochene Gesetz keiner der bisher bekannten Thatsachen
der Naturwissenschaften widerspricht, von einer grossen Zahl
derselben aber in einer auffallenden Weise bestätigt wird. Ich
habe mich bemüht, die Folgerungen möglichst vollständig auf-
zustellen, welche aus der Combination desselben mit den bisher
bekannten Gesetzen der Naturerscheinungen sich ergeben, und
welche ihre Bestätigung durch das Experiment noch erwarten
müssen. Der Zweck dieser Untersuchung, der mich zugleich
wegen der hypothetischen Theile derselben entschuldigen mag,
war, den Physikern in möglichster Vollständigkeit die theoretische, practische und heuristische Wichtigkeit dieses Gesetzes
darzulegen, dessen vollständige Bestätigung wohl als eine der
Hauptaufgaben der nächsten Zukunft der Physik betrachtet
werden muss.

Zusätze (1881).

1) Zu Seite 4. Die philosophischen Erörterungen
der Einleitung sind durch Kant's erkenntnisstheoretische
Ansichten stärker beeinflusst, als ich jetzt noch als richtig anerkennen möchte. Ich habe mir erst später klar gemacht, dass
das Princip der Causalität in der That nichts Anderes ist als die
Voraussetzung der Gesetzlichkeit aller Naturerscheinungen. Das
Gesetz als objective Macht anerkannt, nennen wir Kraft. Ursache ist seiner ursprünglichen Wortbedeutung nach das hinter
dem Wechsel der Erscheinungen unveränderlich Bleibende oder
Seiende, nämlich der Stoff und das Gesetz seines Wirkens, die
Kraft. Die auf Seite 14 berührte Unmöglichkeit beide isolirt zu
denken, ergiebt sich also einfach daraus, dass das Gesetz einer
Wirkung Bedingungen voraussetzt, unter denen es zur Wirk-
samkeit kommt. Eine von der Materie losgelöste Kraft wäre die
Objectivirnng eines Gesetzes, dem Bedingungen seiner Wirksamkeit fehlen.

2) Zu Seite 6. Die Nothwendigkeit der Auflösung der
Kräfte in solche, die sich auf Punkte beziehen, kann aus dem
Princip der vollständigen Begreifbarkeit der Natur hergeleitet
werden für die Massen, auf welche die Kräfte wirken, insofern

vollständige Kenntniss der Bewegung fehlt, wenn nicht die Bewegung jedes einzelnen materiellen Punktes angegeben werden kann. Aber die gleiche Nothwendigkeit scheint mir nicht zu bestehen für die Massen, von denen die Kräfte ausgehen. Ich habe dies schon zum Theil im folgenden Aufsatze besprochen. Die Erörterungen in I und II des Textes sind zum Theil nur zulässig, wenn diese Auflösbarkeit in Punktkräfte als von vorn herein feststehend beibehalten wird. Dass die Bewegungskräfte, wie sie durch Newton definirt sind, die nach dem Gesetz des Parallelogramms construirten Resultanten aller Einzelkräfte sind, die von sämmtlichen einzelnen vorhandenen Massenelementen ausgehen, kann ich nur noch als ein durch Erfahrung gefundenes Naturgesetz anerkennen. Es sagt eine Thatsache aus: Die Beschleunigung, welche ein Massenpunkt erfährt, wenn mehrere Ursachen zusammenwirken, ist die Resultante (geometrische Summe) derjenigen Beschleunigungen, welche die einzelnen Ursachen einzeln herbeigeführt haben würden. Nun kommt freilich der Fall empirisch vor, dass zwei Körper, z. B. zwei Magnete, die gleichzeitig auf einen dritten wirken, eine Kraft ausüben, die nicht einfach die Resultante der Kräfte ist, die jeder allein genommen ausüben würde. Wir kommen in diesem Falle mit der Annahme aus, dass jeder einzelne Magnet in dem anderen die Anordnung einer unsichtbaren imponderablen Substanz verändert. Aber ich kann das Princip der Begreiflichkeit nicht mehr als zureichend für die Folgerung anerkennen, dass die durch das Zusammenwirken zweier oder mehrerer Bewegungsursachen entstehende Wirkung nothwendig durch (geometrische) Summirung aus denen der einzelnen gefunden werden müsse.

Sowohl dieser thatsächliche Inhalt von Newton's zweitem Axiom, wie das weiter unten ausgesprochene Princip, dass die Kräfte, welche zwei Massen aufeinander ausüben, nothwendig bestimmt sein müssen, wenn die Lage der Massen vollständig gegeben ist, sind verlassen worden in denjenigen electrodynamischen Theorien, welche die Kraft zwischen electrischen Quantis von deren Geschwindigkeit und Beschleunigung abhängig machen. Die in dieser Richtung gemachten Versuche haben bisher noch immer in Widersprüche gegen die innerhalb des Bereichs unserer bisherigen Erfahrung ausnahmslos bewährten mechanischen Principien von der Gleichheit der Action und Reaction und von der Constanz der Energie geführt, worüber später in den electrodynamischen Abhandlungen mehr die Rede sein wird. Wenn für Electricität in Leitern nur labiles Gleichgewicht existirte, so

wäre damit auch die Eindeutigkeit und Bestimmtheit der Lösungen
electrischer Probleme verloren gegangen, und wenn eine Kraft
abhängig gemacht wird von der absoluten Bewegung, d. h. von
einer veränderten Beziehung einer Masse zu etwas, was nie
Gegenstand einer möglichen Wahrnehmung werden kann, nämlich zum unterschiedslosen leeren Raum, so erscheint mir dies
als eine Annahme, die die Aussicht auf vollständige Lösung der
naturwissenschaftlichen Aufgaben aufgiebt, was meiner Meinung
nach erst geschehen dürfte, wenn alle anderen theoretischen
Möglichkeiten erschöpft wären.

3) Zu Seite 10. Dieser viel gebrauchte Beweis ist unge-
nügend für den Fall, dass die Kräfte von den Geschwindigkeiten oder Beschleunigungen abhängen sollten, worauf mich
Hr. Lipschitz aufmerksam machte. Denn man kann auch
setzen:

$$X = \frac{dU}{dx} + Q \cdot \frac{dz}{dt} - R \cdot \frac{dy}{dt}$$

$$Y = \frac{dU}{dy} + R \cdot \frac{dx}{dt} - P \cdot \frac{dz}{dt}$$

$$Z = \frac{dU}{dz} + P \cdot \frac{dy}{dt} - Q \cdot \frac{dx}{dt},$$

worin U eine Function der Coordinaten, P, Q, R dagegen beliebige Functionen der Coordinaten und ihrer Differentialquo-
tienten seien, so ist:

$$X \cdot \frac{dx}{dt} + Y \cdot \frac{dy}{dt} + Z \cdot \frac{dz}{dt} = \frac{dU}{dt} = \frac{d}{dt}\left[\frac{1}{2} mq^2\right],$$

also die lebendige Kraft eine Function der Coordinaten. Die
mit den Factoren P, Q, R versehenen Zusätze zu den Werthen
der Kraftcomponenten repräsentiren eine resultirende Kraft,
welche senkrecht zu der resultirenden Geschwindigkeit des bewegten Punktes ist. Eine solche Kraft würde ersichtlich die
Krümmung der Bahn verändern aber nicht die lebendige Kraft.

Wenn man die Giltigkeit des Gesetzes von der Action und
Reaction festhält und die Auflösbarkeit in Punktkräfte, so bleibt
der im Text aufgestellte allgemeine Satz aber richtig. Denn das
genannte Gesetz lässt für ein Punktpaar nur Kräfte zu, welche
in Richtung der Verbindungslinie gleiche Intensität und entgegengesetzte Richtung haben. Die zu den Geschwindigkeiten
senkrechten Kräfte würden daher nur in den Momenten ein-

treten können, wo beide Geschwindigkeiten senkrecht zur Verbindungslinie wären.

Der Schlusssatz des Abschnittes muss also den in der Anmerkung gemachten Zusatz erhalten.

4) Zu Seite 16. Auch dieser Satz ist zu weit gefasst, da wir die vorausgehenden allgemeinen Sätze auf die Fälle beschränken müssen, wo Gleichheit der Action und Reaction allgemein gilt. Wenn wir die letztere fallen lassen, so zeigt das neuerdings von Hrn. Clausius aufgestellte electrodynamische Grundgesetz einen Fall, wo Kräfte, die von den Geschwindigkeiten und Beschleunigungen abhängen, doch nicht ins Unendliche Triebkraft erzeugen können.

5) Zu Seite 28. Zur Geschichte der Entdeckung des Gesetzes von der Erhaltung der Kraft wäre hier noch nachzutragen, dass R. Mayer 1842 seinen Aufsatz „Ueber die Kräfte der unbelebten Natur"*), veröffentlicht hatte, und 1845 die Abhandlung über „Die organische Bewegung in ihrem Zusammenhange mit dem Stoffwechsel". Heilbronn. Schon in dem ersten Aufsatze ist die Ueberzeugung von der Aequivalenz der Wärme und Arbeit ausgesprochen und das Aequivalent der Wärme auf demselben Wege, der im Texte als der von Holtzmann angegeben ist, auf 365 Meterkilogramm berechnet. Der zweite Aufsatz ist seinem allgemeinen Ziele nach im wesentlichen zusammenfallend mit dem meinigen. Ich habe beide Aufsätze erst später kennen gelernt, und seitdem ich sie kannte, nie unterlassen, wo ich öffentlich von der Aufstellung des hier besprochenen Gesetzes zu reden hatte**), R. Mayer in erster Linie zu nennen, auch habe ich seine Ansprüche, so weit ich sie vertreten konnte, gegen die Freunde Joule's, welche dieselben gänzlich zu leugnen geneigt waren, in Schutz genommen. Ein von mir in diesem Sinne an Hrn. P. G. Tait geschriebener Brief ist von diesem in der Vorrede zu seinem Buche: „Sketch of Thermodynamics" (Edinburgh, 1868) abgedruckt. Ich lasse ihn hier folgen:

„Ich muss sagen, dass mir die Entdeckungen von Kirchhoff auf diesem Felde (Radiation and Absorption) als einer

---

*) Annalen der Chemie und Pharmacie von Wöhler und Liebig. Bd. XLII S. 233. — Beide Aufsätze wieder abgedruckt in „Die Mechanik der Wärme" in gesammelten Schriften von J. R. Mayer. Stuttgart. Cotta 1867.
**) S. meine „Populären wissenschaftlichen Vorträge". Heft II S. 112 aus dem Jahre 1854. Ebenda S. 141 (1862). Ebenda S. 194 (1869).

der lehrreichsten Fälle in der Geschichte der Wissenschaft erscheinen, eben auch deshalb weil viele andere Forscher vorher
schon dicht am Rande derselben Entdeckung gewesen waren.
Kirchhoff's Vorgänger verhalten sich zu ihm in diesem Felde
ungefähr so, wie in Bezug auf die Erhaltung der Kraft Rob.
Mayer, Colding und Séguin zu Joule und W. Thomson."
„Was nun Robert Mayer betrifft, so kann ich allerdings
den Standpunkt begreifen, den Sie ihm gegenüber eingenommen
haben, kann aber doch diese Gelegenheit nicht hingehen lassen,
ohne auszusprechen, dass ich nicht ganz derselben Meinung bin.
Der Fortschritt der Naturwissenschaften hängt davon ab, dass
aus den vorhandenen Thatsachen immer neue Inductionen gebildet werden, und dass dann die Folgerungen dieser Inductionen,
so weit sie sich auf neue Thatsachen beziehen, mit der Wirklichkeit durch das Experiment verglichen werden. Ueber die
Nothwendigkeit dieses zweiten Geschäftes kann kein Zweifel
sein. Es wird auch oft dieser zweite Theil einen grossen Auf-
wand von Arbeit und Scharfsinn kosten und dem, der ihn gut
durchführt, zum höchsten Verdienste gerechnet werden. Aber
der Ruhm der Erfindung haftet doch an dem, der die neue Idee
gefunden hat; die experimentelle Prüfung ist nachher eine viel
mechanischere Art der Leistung. Auch kann man nicht unbe-
dingt verlangen, dass der Erfinder der Idee verpflichtet sei auch
den zweiten Theil der Arbeit auszuführen. Damit würden wir
den grössten Theil der Arbeiten aller mathematischen Physiker
verwerfen. Auch W. Thomson hat eine Reihe theoretischer
Arbeiten über Carnot's Gesetz und dessen Consequenzen gemacht, ehe er ein einziges Experiment darüber anstellte, und
Keinem von uns wird einfallen, deshalb jene Arbeiten gering
schätzen zu wollen."
„Robert Mayer war nicht in der Lage Versuche anstellen
zu können; er wurde von den ihm bekannten Physikern zurück-
gewiesen (noch mehrere Jahre später ging es mir ebenso); er
konnte nur schwer Raum für die Veröffentlichung seiner ersten
zusammengedrängten Darstellung gewinnen. Sie werden wissen,
dass er in Folge dieser Zurückweisung zuletzt geisteskrank
wurde. Es ist jetzt schwer sich in den Gedankenkreis jener Zeit
zurückzuversetzen und sich klar zu machen, wie absolut neu
damals die Sache erschien. Mir scheint, dass auch Joule lange
um Anerkennung seiner Entdeckung kämpfen musste."
„Obgleich also Niemand leugnen wird, dass Joule viel mehr
gethan hat als Mayer, und dass in den ersten Abhandlungen

des Letzteren viele Einzelheiten unklar sind, so glaube ich doch, man muss Mayer als einen Mann betrachten, der unabhängig und selbständig diesen Gedanken gefunden hat, der den grössten neueren Fortschritt der Naturwissenschaft bedingte: und sein Verdienst wird dadurch nicht geringer, dass gleichzeitig ein Anderer in einem anderen Lande und anderen Wirkungskreise dieselbe Entdeckung gemacht, und sie freilich nachher besser durchgeführt hat als er."

In neuester Zeit haben die Anhänger metaphysischer Speculation versucht das Gesetz von der Erhaltung der Kraft zu einem a priori gültigen zu stempeln, und feiern deshalb R. Mayer als einen Heros im Felde des reinen Gedankens. Was sie als den Gipfel von Mayer's Leistungen ansehen, nämlich die metaphysisch formulirten Scheinbeweise für die a priorische Nothwendigkeit dieses Gesetzes, wird jedem an strenge wissenschaftliche Methodik gewöhnten Naturforscher gerade als die schwächste Seite seiner Auseinandersetzungen erscheinen. und ist unverkennbar der Grund gewesen, warum Mayer's Arbeiten in naturwissenschaftlichen Kreisen so lange unbekannt geblieben sind. Erst als von anderer Seite her, namentlich durch Hrn. Joule's meisterhafte Arbeiten, die Ueberzeugung von der Richtigkeit des Gesetzes sich Bahn gebrochen hatte, ist man auf Mayer's Schriften aufmerksam geworden.

Uebrigens ist dieses Gesetz, wie alle Kenntnis von Vorgängen der wirklichen Welt, auf inductivem Wege gefunden worden. Dass man kein Perpetuum mobile bauen, d. h. Triebkraft ohne Ende nicht ohne entsprechenden Verbrauch gewinnen könne, war eine durch viele vergebliche Versuche, es zu leisten, allmählich gewonnene Induction.

Schon längst hatte die französische Akademie das Perpetuum mobile in dieselbe Kategorie wie die Quadratur des Zirkels gestellt, und beschlossen keine angeblichen Lösungen dieses Problems mehr anzunehmen. Das muss doch als der Ausdruck einer unter den Sachverständigen weit verbreiteten Ueberzeugung angesehen werden. Ich selbst habe diese Ueberzeugung schon während meiner Schulzeit oft genug aussprechen und die Unvollständigkeit der dafür zu erbringenden Beweise erörtern hören. Die Frage nach dem Ursprung der thierischen Wärme forderte eine sorgfältigere und vollständige Erörterung aller Thatsachen, die darauf Bezug hatten. Als ich an diese Arbeit ging, habe ich sie immer nur als eine kritische betrachtet, durchaus nicht als eine originale Entdeckung, um deren Priorität es

einen Streit geben könnte. Ich war nachher einigermaassen er-
staunt über den Widerstand, dem ich in den Kreisen der Sachverständigen begegnete; die Aufnahme meiner Arbeit in Poggen-
dorff's Annalen wurde mir verweigert, und unter den Mitgliedern
der Berliner Akademie war es nur C. G. J. Jacobi, der Mathe-
matiker, der sich meiner annahm. Ruhm und äussere Förderung
war in jenen Zeiten mit der neuen Ueberzeugung noch nicht zu
gewinnen; eher das Gegentheil. Dass ich selbst auch bei Ab-
fassung der Schrift in keiner Weise nach einer mir nicht zu-
kommenden Priorität getrachtet habe, wie mir meine Gegner
metaphysischer Richtung anzudichten streben, ist, meine ich,
vollständig dadurch klargestellt, dass ich die andern Forscher,
die in dieser Richtung gearbeitet hatten, so weit ich sie kannte,
angeführt habe. Und schon neben diesen von mir angeführten
Arbeiten, namentlich denen von Joule, konnte damals von
einem Prioritätsanspruch für mich nicht mehr die Rede sein, so
weit überhaupt in Bezug auf das allgemeine Princip von einem
solchen die Rede sein konnte.

Wenn meine Litteraturkenntniss zu jener Zeit 1847 noch
unvollständig war, so bitte ich dies damit zu entschuldigen, dass
ich die vorliegende Abhandlung in der Stadt Potsdam ausge-
arbeitet habe, wo sich meine litterarischen Hülfsmittel auf die
der dortigen Gymnasialbibliothek beschränkten, und dass damals
die „Fortschritte der Physik" der Berliner physikalischen Gesellschaft und andere Hülfsmittel noch fehlten, mit denen es
jetzt allerdings sehr leicht geworden ist, sich in der physikalischen Litteratur zu orientiren.

6) Zu Seite 30. Der Begriff des Potentials eines
Körpers, beziehlich einer electrischen Ladung auf
sich selbst ist hier in etwas anderer Bedeutung genommen,
als dies später in der wissenschaftlichen Litteratur gewöhnlich
geschehen ist. Ich konnte in der sehr spärlichen, mir damals
zugänglichen Litteratur keinen Vorgänger für den Gebrauch
dieses Begriffs finden, und habe mich deshalb bei seiner Bildung
durch die Analogie des Potentials zweier verschiedener Ladungen
gegen einander (V im Texte) leiten lassen. Wenn man sich
deren Träger als congruent und entsprechende Flächenstücke
als gleich stark geladen vorstellt, so lässt sich das Potential V
der beiden bilden. Nun kann man sich die beiden Körper in
congruente Lage übergeführt denken; dann wird V das, was
ich hier mit W bezeichnet habe. Darin kommt jede Combination
je zweier electrischer Theilchen e und ε zweimal in Rechnung.

Das so gebildete W ist nicht der Werth der Arbeit, wie auch im Texte festgestellt wird, sondern der letztere ist $\frac{1}{2} W$ (S. 30).*) In meinen späteren Arbeiten habe ich mich dem zweckmässigeren Gebrauche anderer Autoren angeschlossen und $\frac{1}{2} W$ als das Potential des Körpers auf sich selbst bezeichnet.

---

*) Die betreffende Stelle war im Original am Schluss als Berichtigung eingeführt.

Inhalt.

Nachricht. Die Abhandlung Über die Erhaltung der Kraft etc. von Dr. H. Helmholtz erschien im Jahre 1847 als Broschüre bei G. Reimer in Berlin. Dieselbe wurde wieder abgedruckt in den „Wissenschaftlichen Abhandlungen von Hermann Helmholtz", Leipzig 1882, bei J. A. Barth, Bd. I, S. 12—75. Zu diesem Neudruck schrieb der Verfasser Anmerkungen, welche auf seinen Wunsch der gegenwärtigen Ausgabe gleichfalls beigefügt worden sind.

Die in eckige Klammern gesetzten Zahlen bezeichnen die Seiten der Originalausgabe. Auf die Anmerkungen ist durch die Zahlen [1] bis [6] hingewiesen worden.

Druck von Breitkopf & Härtel in Leipzig.

den Gebieten der Mathematik, Astronomie, Physik, Chemie (einschliesslich Krystallkunde) und Physiologie enthalten.

Die Folge der Hefte kann keine streng historische sein, doch wird dafür Sorge getragen werden, dass eine solche thunlichst eingehalten wird. Der Abdruck der Abhandlungen erfolgt textgetreu und mit genauen bibliographischen Angaben, so dass dieselben ebenso wie die Originale benutzt werden können. Wo es erforderlich erscheint, wird das Verständniss durch sachgemässe kurze Anmerkungen erleichtert werden. Abhandlungen, die in fremden Sprachen erschienen sind, werden in sorgfältigen Uebersetzungen zum Abdruck gelangen; Ausgaben in der Ursprache bleiben eventuell vorbehalten.

Die allgemeine Redaktion führt **Dr. W. Ostwald,** o. Professor an der Universität Leipzig; die einzelnen Ausgaben werden durch hervorragende Vertreter der betreffenden Wissenschaften besorgt werden. Für die Leitung der einzelnen Abtheilungen sind gewonnen worden: für Astronomie Prof. Dr. Bruns (Leipzig), für Mathematik Prof. Dr. Wangerin (Halle), für Krystallkunde Prof. Dr. Groth (München), für Physiologie Prof. Dr. G. Bunge (Basel), für Pflanzenphysiologie Prof. Dr. W. Pfeffer (Leipzig), für Physik Prof. Dr. Arth. von Oettingen (Dorpat).

Jede Abhandlung bildet ein Heft, in Schrift, Papier und Format, wie beigefügte Probeseite, und wird nur in Leinewandband gebunden ausgegeben, auf dem sich der Haupt- und Nebentitel nebst der laufenden Nummer in Schwarzdruck befinden wird.

Um die Anschaffung der Classiker der exakten Wissenschaften Jedem zu ermöglichen und ihnen weiteste Verbreitung zu sichern, ist der Preis für den Druckbogen à 16 Seiten in dem erwähnten Format auf ℳ —.20 festgesetzt worden.

Als erstes Heft wird unter gütiger Zustimmung des Herrn Verfassers und der Verlagsbuchhandlung »Helmholtz, Erhaltung der Kraft« herausgegeben. Weitere Abhandlungen werden alsbald folgen, so dass monatlich 6—8 Bogen erscheinen. In Vorbereitung befinden sich: Gauss, Allgemeine Lehrsätze in Beziehung auf die im verkehrten Verhältniss des Quadrats der Entfernung wirkenden Kräfte, sowie die grundlegenden Abhandlungen Daltons zur Atomtheorie. Von Zeit zu Zeit sollen Verzeichnisse ausgegeben werden über das, was bereits erschienen ist und demnächst erscheinen wird.

Leipzig, März 1889.

Wilhelm Engelmann.